Redis应用与实战丛书

Redis应用实例

黄健宏◎著

人民邮电出版社

北京

图书在版编目（CIP）数据

Redis 应用实例 / 黄健宏著. -- 北京 : 人民邮电出版社, 2024. -- (Redis 应用与实战丛书). -- ISBN 978-7-115-65395-6

Ⅰ. TP311

中国国家版本馆 CIP 数据核字第 2024Y79K58 号

内 容 提 要

本书将从内部组件、外部应用和数据结构 3 个方面为读者介绍 Redis 常见、经典的用法与实例，并且所有实例均附有完整的 Python 代码，方便读者学习和参考。全书分 3 个部分：第一部分讲内部组件，介绍的实例通常用于系统内部，如缓存、锁、计数器、迭代器、速率限制器等，这些都是很多系统中不可或缺的部分；第二部分讲外部应用，介绍的实例都是一些日常常见的、用户可以直接接触到的应用，如直播弹幕、社交关系、排行榜、分页、地理位置等；第三部分讲数据结构，介绍的实例是一些使用 Redis 实现的常见数据结构，如先进先出队列、栈、优先队列和矩阵等。本书希望通过展示常见的 Redis 应用实例来帮助读者了解使用 Redis 解决各类问题的方法，并加深读者对 Redis 各项命令及数据结构的认识，使读者真正成为能够使用 Redis 解决各类问题的 Redis 专家。

本书适合对 Redis 有基本了解且想要进一步掌握 Redis 及键值数据库具体应用的技术人群，是理想的 Redis 技术进阶读物。

◆ 著　黄健宏
责任编辑　杨海玲
责任印制　王　郁　胡　南

◆ 人民邮电出版社出版发行　　北京市丰台区成寿寺路 11 号
邮编　100164　　电子邮件　315@ptpress.com.cn
网址　https://www.ptpress.com.cn
三河市兴达印务有限公司印刷

◆ 开本：800×1000　1/16
印张：12.75　　2024 年 12 月第 1 版
字数：269 千字　　2024 年 12 月河北第 1 次印刷

定价：69.80 元

读者服务热线：(010) 81055410　印装质量热线：(010) 81055316
反盗版热线：(010) 81055315

前　言

近年来，随着 Redis 大热并成为内存数据库的事实标准，大量关于 Redis 的图书也随之涌现。

2023 年，在决定创作并推出全新的 Redis 图书之际，我对市面上已有的 Redis 图书进行了一番调研，发现大多数 Redis 图书关注的是命令、运维、架构、源码分析等方面的内容，而对实际应用只是一笔带过，或者在介绍命令时做锦上添花之用，很少有图书愿意详细地介绍使用 Redis 的应用实例。

然而，对 Redis 的大量使用导致网上关于 Redis 使用方法的各种问题越来越频繁地出现：如何使用 Redis 实现锁？如何使用 Redis 实现消息队列？如何使用 Redis 表示好友关系？如何使用 Redis 存储地理位置数据？随便去哪一个 Redis 社区，都会看到大量类似的问题。

考虑到这一点，我决定编写本书。书中包含 32 个精挑细选的经典 Redis 应用实例，如缓存、锁、计数器、消息队列、自动补全、社交关系、排行榜、先进先出队列等，这些实例无一不是我们日常开发中经常会遇到的，而且往往也是网上咨询最多的。

我希望通过在书中展示常见的 Redis 应用实例来帮助读者了解使用 Redis 解决各类问题的方法，并加深读者对 Redis 各项命令及数据结构的认识，使读者真正成为能够使用 Redis 解决各类问题的 Redis 专家。

内容编排

本书通过大量 Redis 应用实例来展示 Redis 的经典用法与用例，全书分为 3 个部分，共 32 章。

第一部分讲内部组件。这个部分介绍的实例通常用于系统内部，如缓存、锁、计数器、迭代器、速率限制器等，这些都是很多系统中不可或缺的部分。通过学习如何使用 Redis 构建这些组件，并使用它们代替系统原有的低效组件，读者将能够大幅地提升系统的整体性能。

第二部分讲外部应用。这个部分介绍的实例都是一些日常常见的、用户可以直接接触到的应用，如直播弹幕、社交关系、排行榜、分页、地理位置等。通过学习如何使用 Redis 构建这些应用，读者将能够进一步地了解到 Redis 各个数据结构和命令的强大之处，还能够在实例应用已有功能的基础上，按需扩展出自己想要的其他功能。

第三部分讲数据结构。这个部分介绍的实例是一些使用 Redis 实现的常见数据结构，如先进先出队列、栈、优先队列和矩阵等。在需要快速、可靠的内存存储数据结构时，这些数据结构可以作为其他程序的底层数据结构或者基本构件使用。

除少数章引用了其他章的代码或内容之外，本书的大部分章都自成一体、可以独立阅读，读者可以按需阅读自己感兴趣的任意章。

当然，如果读者只是想要学习 Redis 的多种使用方法，并无特别喜好，也可以像阅读普通教程一样，按顺序阅读本书的每一章。本书基于难度和内容详略等因素对各章的顺序做了编排和优化，力求为读者带来流畅的阅读体验。

配套视频

针对书中有难度的知识点，本书还配套提供了视频讲解“Redis 应用十讲”，读者可以直接扫描第一次出现相关主题的对应章的二维码免费观看。视频讲解的具体内容如下：

- 第 1 讲“使用缓存提高访问数据的速度”（对应第 1 章和第 2 章）；
- 第 2 讲“使用锁保证重要资源的独占使用权”（对应第 3 章和第 4 章）；
- 第 3 讲“使用先进先出队列解决抢购和秒杀问题”（对应第 26 章和第 27 章）；
- 第 4 讲“使用简单计数器和唯一计数器进行计数”（对应第 6 章和第 7 章）；
- 第 5 讲“使用排行榜对元素进行有序排列”（对应第 22 章）；
- 第 6 讲“使用自动补全为用户提供输入建议”（对应第 16 章）；
- 第 7 讲“构建类似 Stack Overflow 等网站的投票系统”（对应第 21 章、第 7 章和第 9 章）；
- 第 8 讲“使用分页和时间线排列并管理大量元素”（对应第 23 章和第 24 章）；
- 第 9 讲“使用社交关系程序存储用户间的社交关系”（对应第 18 章）；
- 第 10 讲“使用地理位置程序记录用户的位置信息”（对应第 25 章）。

目标读者

阅读本书需要读者对 Redis 有一定的了解，并且熟悉 Redis 各个命令的基本语法。

因为本书关注的是如何使用 Redis 命令实现各种应用，而不是详细介绍某个或某些 Redis 命令的具体语法，所以刚开始学习 Redis 或者对 Redis 命令的语法并不熟悉的读者需要在阅读本书的过程中自行查找并学习书中提到的命令。相信这种边做边学、学以致用的方式将有助于读者快速、有效地掌握Redis命令及其用法，从而成为熟练的Redis使用者。

书中所有实例程序均使用Python编程语言编写，程序的风格以简单易懂为第一要务，基本上没有用到Python的高级特性。任何学过Python编程语言的读者都应该能很好地理解书中的代码，而没有学过Python编程语言的读者可以把这些朴素的代码看作伪代码，以此来理解程序想要完成的工作。

本书适合任何想要学习Redis应用构建方法和使用Redis解决实际问题的人，也可以作为Redis学习者在具备一定基础知识之后的进阶应用教程。

代码风格说明

正如前文所言，本书展示的程序以简单易懂为第一要务，为了达到这个目的，本书有时候可能会故意把代码写得详细一些。

例如，为了清晰地展现判断语句的判断条件，本书将采用下面这样的具体写法：

```
if bool_value is True:
    pass
```

而不是采用下面的简单写法：

```
if bool_value:
    pass
```

又如，为了让没学过Python语言的人也能看懂程序的打开文件操作，本书将采用以下语句：

```
f = open(file, mode)
# do something
f.close()
```

而不是Python程序员更常用的`with`语句：

```
with open(file, mode) as f:
    # do something
```

基于上述原因，本书的部分代码对熟练的Python使用者来说可能会稍显啰唆，但这是事出有因的，希望读者可以理解。

代码注释

本书在展示Python示例代码的时候，将使用标准的#符号来标识Python代码中的注释：

```
>>> from random import random  # 导入随机数生成函数
>>>
```

另外，由于本书在展示Redis操作时需要用到Redis官方客户端redis-cli，但该客户端并不支持注释语法，因此本书将采用自选的--符号作为注释：

```
redis> PING  -- 向服务器发送一个请求
PONG
```

因为 redis-cli 实际上并不支持这种注释语法，所以读者在把本书展示的 Redis 操作代码复制到 redis-cli 中运行时，请不要复制代码中的注释内容，以免代码在运行时出错。

关注核心原理而非细枝末节

本书聚焦实战，书中展示的各种实例无一不来源于实际的编程问题，但考虑到现实中的程序往往包含大量无关的逻辑和细节，在书中事无巨细地展示它们除模糊焦点和浪费篇幅之外，不会有其他任何好处。

举个例子，一个现实中的消息队列程序可能由数千行代码和数十个 API 组成，但如果仅在讲消息队列的第 14 章中就包含如此大量的代码和 API，那么本书的篇幅将膨胀至让人无法接受的程度。

为了解决这个问题，本书采取了算法书介绍算法时的策略：不罗列和介绍每种应用可能包含的全部 API，而是精挑细选出一组关键、核心的 API，然后用简洁精练的代码在书中实现它们，配上合理的描述和解释，力求让读者尽可能地理解这些核心 API 的实现原理。一旦读者弄懂了这些核心 API，就可以根据自己的需求移植这些应用，并在此基础上举一反三，为应用扩展出自己想要的任何 API。

软件版本信息

本书展示的所有 Redis 代码均在 Redis 7.4 版本中测试，Python 代码均在 Python 3.12 版本中测试，使用的 redis-py 客户端版本为 5.1.0b7，这是截至本书写作完成时这几种软件的最新版本。

要运行本书展示的代码和程序，读者需要在计算机上安装以上 3 种软件，并确保它们的版本不低于上面提到的版本。具体的软件安装方法请参考它们各自的官方网站。

获取程序源码

本书展示的所有程序的源码都可以在异步社区（www.epubit.com）通过搜索本书书名找到下载链接，读者也可以通过执行以下命令克隆程序源码：

```
git clone git@github.com:huangzworks/redis-usage-collection.git
```

致谢

感谢人民邮电出版社杨海玲编辑在本书创作过程中的专业指导，感谢我的家人的悉心关照，还要感谢关注本书的读者对本书的期待，本书是在众多人的关心和支持下才得以完成的。

黄健宏

2024 年 9 月于广东清远

目　录

第一部分　内部组件

第二部分 外部应用

第三部分 数据结构

第一部分

内部组件

内部组件部分介绍的实例通常用于系统内部，如缓存、锁、计数器、迭代器、速率限制器等，这些都是很多系统中不可或缺的部分。通过学习如何使用 Redis 构建这些组件，并用其代替系统原有的低效组件，读者将能够大幅地提升系统的整体性能。

第 1 章 缓存文本数据

因为 Redis 把数据存储在内存中，并且提供了方便的键值对索引方式以及多样化的数据类型，所以使用 Redis 作为缓存是 Redis 最常见的用法。

很多国内外的社交平台都会把核心的时间线/信息流和好友关系/社交关系存储在 Redis 中，这种做法不仅能够加快用户的访问速度，而且系统访问数据的方式也会变得更加简单、直接。不少追求访问速度的视频网站也会把经常访问的静态文件放到 Redis 中，或者把短时间内最火爆的视频文件存储在 Redis 中，从而尽可能地减少用户观看视频时需要等待的载入时间。

本书将介绍多种使用 Redis 缓存数据和文件的方法，其中本章将介绍如何使用字符串键缓存单项数据（如 HTML 文件的内容），还有如何使用 JSON 和哈希键缓存多项数据（如 SQL 表中的行）；第 2 章将介绍缓存图片、视频文件等二进制数据的方法；至于缓存结构更复杂数据的方法（如社交网站的时间线、好友关系等），则会在之后的章节中陆续介绍。

1.1 需求描述

使用 Redis 缓存系统中的文本数据。这些数据可能只有单独一项，也可能会由多个项组成。

1.2 解决方案：使用字符串键缓存单项数据

有些时候，需要缓存的数据可能非常单纯，只有单独一项。例如，在缓存 Web 服务器生成的 HTML 页面时，整个页面就是一个以`<HTML>...</HTML>`标签包围的字符串。在这种情况下，缓存程序只需要使用单个 Redis 字符串键就足以缓存整个页面。

具体来说，可以使用 `SET` 命令，将指定的名字和被缓存的内容关联起来：

```
SET name content
```

如果需要，还可以在设置缓存的同时，为其设置过期时间以便让缓存实现自动更新：

```
SET name content EX ttl
```

至于获取缓存内容的工作则通过 GET 命令来完成：

```
GET name
```

1.3 实现代码：使用字符串键缓存单项数据

代码清单 1-1 展示了基于 1.2 节所述解决方案实现的缓存程序。

代码清单 1-1 基本的缓存程序 cache.py

```
class Cache:

    def __init__(self, client):
        self.client = client

    def set(self, name, content, ttl=None):
        """
        为指定名字的缓存设置内容。
        可选的 ttl 参数用于设置缓存的存活时间。
        """
        if ttl is None:
            self.client.set(name, content)
        else:
            self.client.set(name, content, ex=ttl)

    def get(self, name):
        """
        尝试获取指定名字的缓存内容，若缓存不存在则返回 None。
        """
        return self.client.get(name)
```

提示：提高过期时间精度

如果需要更精确的过期时间，那么可以把缓存程序中过期时间的精度参数从代表秒的 ex 修改为代表毫秒的 px。

作为例子，下面这段代码展示了这个缓存程序的基本用法。

```
from redis import Redis
from cache import Cache
```

```
ID = 10086
TTL = 60
REQUEST_TIMES = 5

client = Redis(decode_responses=True)
cache = Cache(client)

def get_content_from_db(id):
    # 模拟从数据库中取出数据
    return "Hello World!"

def get_post_from_template(id):
    # 模拟使用数据和模板生成 HTML 页面
    content = get_content_from_db(id)
    return "<html><p>{}</p></html>".format(content)

for _ in range(REQUEST_TIMES):
    # 尝试直接从缓存中取出 HTML 页面
    post = cache.get(ID)
    if post is None:
        # 缓存不存在，访问数据库并生成 HTML 页面
        # 然后把它放入缓存以便之后访问
        post = get_post_from_template(ID)
        cache.set(ID, post, TTL)
        print("Fetch post from database&template.")
    else:
        # 缓存存在，无须访问数据库也无须生成 HTML 页面
        print("Fetch post from cache.")
```

根据这段程序的执行结果可知，程序只会在第一次请求时访问数据库并根据模板生成 HTML 页面，而后续一分钟内发生的其他请求都是通过访问 Redis 保存的缓存来完成的：

```
$ python3 cache_usage.py
Fetch post from database&template.
Fetch post from cache.
Fetch post from cache.
Fetch post from cache.
Fetch post from cache.
```

1.4 解决方案：使用 JSON/哈希键缓存多项数据

在复杂的系统中，单项数据往往只占少数，更多的是由多个项组成的复杂数据。例如，表 1-1 列出的这组用户信息，就来自 SQL 数据库 `Users` 表中的 3 行，每行由 `id`、`name`、 gender 和 age 4 个属性值组成。

表 1-1 SQL 数据库中的用户信息

id	name	gender	age
10086	Peter	male	56
10087	Jack	male	37
10088	Mary	female	24

可以通过下面两种不同的方法来缓存这类多项数据。

- 使用 JSON 等序列化手段将多项数据打包成单项数据，然后复用之前缓存单项数据的方法来缓存序列化数据。
- 使用 Redis 的哈希、列表等存储多项数据的数据结构来缓存数据。

接下来介绍这两种方法。

1.5 实现代码：使用 JSON/哈希键缓存多项数据

代码清单 1-2 展示了使用 JSON 缓存多项数据的方法。这个程序复用了代码清单 1-1 中的 Cache 类，它要做的就是在设置缓存之前把 Python 数据编码为 JSON 数据，并在获取缓存之后将 JSON 数据解码为 Python 数据。

代码清单 1-2 使用 JSON 实现的多项数据缓存程序 json_cache.py

```
import json
from cache import Cache

class JsonCache:

    def __init__(self, client):
        self.cache = Cache(client)

    def set(self, name, content, ttl=None):
        """
        为指定名字的缓存设置内容。
        可选的 ttl 参数用于设置缓存的存活时间。
        """
        json_data = json.dumps(content)
        self.cache.set(name, json_data, ttl)
```

```
    def get(self, name):
        """
        尝试获取指定名字的缓存内容，若缓存不存在则返回 None。
        """
        json_data = self.cache.get(name)
        if json_data is not None:
            return json.loads(json_data)
```

作为例子，下面这段代码展示了如何使用上述多项数据缓存程序来缓存前面展示的用户信息：

```
>>> from redis import Redis
>>> from json_cache import JsonCache
>>> client = Redis(decode_responses=True)
>>> cache = JsonCache(client)  # 创建缓存对象
>>> data = {"id":10086, "name": "Peter", "gender": "male", "age": 56}
>>> cache.set("User:10086", data)  # 缓存数据
>>> cache.get("User:10086")  # 获取缓存
{'id': 10086, 'name': 'Peter', 'gender': 'male', 'age': 56}
```

除了将多项数据编码为 JSON 后将其存储在字符串键中，还可以直接将多项数据存储在 Redis 的哈希键中。为此，在设置缓存时需要用到 HSET 命令：

```
HSET name field value [field value] [...]
```

如果用户在设置缓存的同时还指定了缓存的存活时间，那么还需要使用 EXPIRE 命令为缓存设置过期时间，并使用事务或者其他类似措施保证多个命令在执行时的安全性：

```
MULTI
HSET name field value [field value] [...]
EXPIRE name ttl
EXEC
```

与此相对，当要获取被缓存的多项数据时，只需要使用 HGETALL 命令获取所有数据即可：

```
HGETALL name
```

代码清单 1-3 展示了基于上述原理实现的多项数据缓存程序。

代码清单 1-3　使用哈希键实现的多项数据缓存程序 hash_cache.py

```
class HashCache:

    def __init__(self, client):
        self.client = client

    def set(self, name, content, ttl=None):
        """
```

```
        为指定名字的缓存设置内容。
        可选的 ttl 参数用于设置缓存的存活时间。
        """
        if ttl is None:
            self.client.hset(name, mapping=content)
        else:
            tx = self.client.pipeline()
            tx.hset(name, mapping=content)
            tx.expire(name, ttl)
            tx.execute()

    def get(self, name):
        """
        尝试获取指定名字的缓存内容，若缓存不存在则返回 None。
        """
        result = self.client.hgetall(name)
        if result != {}:
            return result
```

作为例子，下面这段代码展示了如何使用上述多项数据缓存程序来缓存前面展示的用户信息：

```
>>> from redis import Redis
>>> from hash_cache import HashCache
>>> client = Redis(decode_responses=True)
>>> cache = HashCache(client)
>>> data = {"id":10086, "name": "Peter", "gender": "male", "age": 56}
>>> cache.set("User:10086", data)  # 缓存数据
>>> cache.get("User:10086")  # 获取缓存
{'id': '10086', 'name': 'Peter', 'gender': 'male', 'age': '56'}
```

可以看到，这个程序的效果跟之前使用 JSON 实现的缓存程序的效果完全一致。

提示：缩短键名以节约内存

在使用 Redis 缓存多项数据的时候，不仅需要缓存数据本身（值），还需要缓存数据的属性/字段（键）。当数据的数量巨大时，缓存属性的内存开销也会相当巨大。

为此，缓存程序可以通过适当缩短属性名来尽可能地减少内存开销。例如，把上面用户信息中的 name 属性缩短为 n 属性，age 属性缩短为 a 属性，诸如此类。

还有一种更彻底的方法，就是移除数据的所有属性，将数据本身存储为数组，然后根据各个值在数组中的索引来判断它们对应的属性。例如，可以修改缓存程序，让它把数据 `{"id":10086, "name": "Peter", "gender": "male", "age": 56}` 简化为 `[10086, "Peter", "male", 56]`，然后使用 JSON 数组或者 Redis 列表来存储简化后的数据。

1.6 重点回顾

- 因为 Redis 把数据存储在内存中，并且提供了方便的键值对索引方式以及多样化的数据类型，所以使用 Redis 作为缓存是 Redis 最常见的用法。
- 有些时候，需要缓存的数据可能非常单纯，只有单独一项。在这种情况下，缓存程序只需要使用单个 Redis 字符串键就足以缓存它们。
- 在复杂的系统中，单项数据往往只占少数，更多的是由多个项组成的复杂数据。这时缓存程序可以考虑使用 JSON 等序列化手段，将多项数据打包为单项数据进行缓存，或者直接使用 Redis 的哈希、列表等数据结构进行缓存。

第 2 章 缓存二进制数据

除了缓存文本数据，Redis 还经常被用于缓存二进制数据，如图片、视频、音频等。本章将介绍使用 Redis 缓存二进制数据的方法。

2.1 需求描述

像缓存文本数据一样，使用 Redis 缓存图片、视频、音频等二进制数据。

2.2 解决方案

跟那些只能存储文本数据或者需要额外支持才能存储二进制数据的数据库相比，Redis 的一个明显优势就是完全支持存储二进制数据：Redis 把所有输入都看作单纯的二进制序列（或者字节串），用户可以在 Redis 中存储任何类型的数据，数据存储的时候是什么样子，取出的时候就是什么样子。

得益于这种数据存储方式，用户不仅可以在 Redis 中存储文本数据，还可以存储任意二进制数据，如视频、音频、图片、压缩文件、加密文件等。不过，为了正确地存储和获取二进制数据，用户在编程语言中使用 Redis 客户端时，必须正确地设置客户端与 Redis 服务器之间的连接方式，让它们以二进制方式而不是字符串方式连接；否则，编程语言所使用的 Redis 客户端可能就会在存储或者获取二进制数据的时候把它们解释为文本数据，从而引发错误。

以 Python 客户端 redis-py 为例，第 1 章中在展示代码示例的时候，一直将 `decode_responses` 参数的值设置为 `True`，这样客户端在获取数据之后就会自动将其转换为相应的 Python 类型（如字符串）：

```
>>> from redis import Redis
>>> client = Redis(decode_responses=True)
>>> client.set("msg", "hi")
```

```
True
>>> client.get("msg")
'hi'     # 字符串值
```

在存储文本数据的时候，这种做法是正确的，但是在存储二进制数据的时候，这种做法却会带来麻烦。为此，需要在初始化 redis-py 客户端实例的时候去掉 decode_responses 参数，让它以二进制形式存储和获取数据：

```
>>> from redis import Redis
>>> client = Redis()
>>> client.set("msg", "hi")
True
>>> client.get("msg")
b'hi'     # 二进制值
```

可以看到，客户端这次并没有将"msg"键的值解码为字符串"hi"，而是维持了数据原本的二进制形式，这正是我们想要的结果。

2.3　实现代码

在弄懂了不同编码设置之间的区别之后，接下来就可以直接复用第 1 章中的缓存程序来缓存二进制文件了。

举个例子，如果现在想要构建一个图片缓存系统，那么需要做的就是以二进制方式读取图片文件，然后将它们缓存到 Redis 中。

代码清单 2-1 展示了一个通用的二进制文件缓存程序：它接受二进制文件的路径作为参数，接着打开并读取该文件，然后将其缓存到 Redis 中，而具体的缓存操作则是通过复用代码清单 1-1 中的 Cache 类来实现。

代码清单 2-1　二进制文件缓存程序 binary_cache.py

```
from cache import Cache

class BinaryCache:

    def __init__(self, client):
        self.cache = Cache(client)

    def set(self, name, path, ttl=None):
        """
        根据给定的名字和文件路径，缓存指定的二进制文件。
        可选的 ttl 参数用于设置缓存的存活时间。
        """
        # 以二进制方式打开文件，并读取文件
        file = open(path, "rb")
```

```
        data = file.read()
        file.close()
        # 缓存二进制文件
        self.cache.set(name, data, ttl)

    def get(self, name):
        """
        尝试获取指定名字的缓存内容，若缓存不存在则返回 None。
        """
        return self.cache.get(name)
```

作为例子，下面这段代码展示了如何使用这个程序缓存一个图片文件，再从缓存中取出该图片的数据并查看其中的前 10 个字节：

```
>>> from redis import Redis
>>> from binary_cache import BinaryCache
>>> client = Redis()
>>> cache = BinaryCache(client)
>>> cache.set("redis-logo", "./redis-logo.png")  # 缓存文件
True
>>> cache.get("redis-logo")[:10]  # 读取被缓存文件的前 10 个字节
b'\x89PNG\r\n\x1a\n\x00\x00'
```

2.4 重点回顾

- 除了缓存文本数据，Redis 还经常被用于缓存二进制数据，如图片、视频、音频等。
- Redis 把所有输入都看作单纯的二进制序列（或者字节串），用户可以在 Redis 存储任何类型的数据，它们存储的时候是什么样子，取出的时候就是什么样子。
- 为了正确地存储和获取二进制数据，用户在编程语言中使用 Redis 客户端时，必须正确地设置客户端与 Redis 服务器之间的连接方式，让它们以二进制方式而不是字符串方式连接；否则，编程语言所使用的 Redis 客户端可能就会在存储或者获取二进制数据的时候把它们解释为文本数据，从而引发错误。

第 3 章 锁

锁是计算机系统中经常会用到的一种重要的机制，它可以用来保证特定资源在任何时候最多只能有一个使用者。

Redis 可以通过多种方法实现锁，其中包括带有基本功能的锁、带有自动解锁功能的锁和带有密码保护功能的锁等。本章将介绍前两种锁，而带有密码保护功能的锁将在第 4 章中介绍。

3.1 需求描述

在 Redis 中构建锁，并使用它来保护特定的资源。

3.2 解决方案

每个锁程序至少需要实现以下两个方法。

- 加锁——尝试获得锁的独占权，在任何时候只能有最多一个客户端成功加锁，而除此以外的其他客户端则会失败。
- 解锁——成功加锁的客户端可以通过解锁释放对锁的独占权，使包括它自身在内的所有客户端都能够重新获得加锁的机会。

在 Redis 中实现上述两个操作最基本的方法就是使用字符串数据结构，其中加锁操作可以通过 SET 命令及其 NX 选项来实现：

```
SET key value NX
```

NX 选项的效果保证了给定键只会在没有值（也就是键不存在）的情况下被设置。通过将一个键指定为锁键，并使用客户端尝试对它执行带 NX 选项的 SET 命令，就可以根据命令返回的结果判断加锁是否成功：

- 如果命令成功设置了指定的锁键，那么代表当前客户端成功加锁；
- 如果命令未能成功设置锁键，那么说明锁已被其他客户端占用。

因为带 NX 选项的 SET 命令是原子命令，所以即使有多个客户端同时对同一个锁键执行相同的设置命令，也只会有一个客户端能够成功执行设置操作，因此上述的加锁操作实现是安全的。

另外，当客户端需要解锁的时候，只需要使用 DEL 命令将锁键删除即可：

```
DEL key
```

在锁键被删除之后，它所代表的锁也会重新回到解锁状态。

3.3 实现代码

代码清单 3-1 展示了根据 3.2 节所述解决方案实现的锁程序。

代码清单 3-1　锁程序 lock.py

```
VALUE_OF_LOCK = ""

class Lock:

    def __init__(self, client, key):
        self.client = client
        self.key = key

    def acquire(self):
        """
        尝试加锁，成功时返回 True，失败时则返回 False。
        """
        return self.client.set(self.key, VALUE_OF_LOCK, nx=True) is True

    def release(self):
        """
        尝试解锁，成功时返回 True，失败时则返回 False。
        """
        return self.client.delete(self.key) == 1
```

在 acquire() 方法中，程序通过检查 SET 命令的返回值是否为 True 来判断设置是否被成功执行；而在 release() 方法中，程序则通过检查 DEL 命令返回的成功删除键数量是否为 1 来判断锁键是否已被成功删除。

作为例子，下面这段代码展示了上述锁程序的具体用法：

```
>>> from redis import Redis
>>> from lock import Lock
>>> client = Redis(decode_responses=True)
>>> locker1 = Lock(client, "Lock:10086")
```

```
>>> locker1.acquire()  # 加锁
True
>>> locker1.release()  # 解锁
True
```

在 locker1 持有锁期间，如果有其他客户端尝试加锁，那么 acquire() 方法将返回 False 表示加锁失败：

```
>>> locker1.acquire()  # locker1 尝试加锁并成功
True
>>> locker2 = Lock(client, "Lock:10086")  # 模拟另一客户端
>>> locker2.acquire()  # locker2 也尝试加锁，但失败
False
```

3.4 扩展方案：带自动解锁功能的锁

3.3 节展示的基本锁实现有一个问题，就是它的解锁操作必须由持有锁的客户端手动执行：如果持有锁的客户端在完成任务之后忘记解锁，或者客户端在执行过程中非正常退出，那么锁可能永远也不会被解锁，而其他等待的客户端也永远无法解锁。

要解决这个问题，可以给锁实现加上自动解锁功能，这样，即使客户端没有手动解锁，Redis 也可以在超过指定时长之后自动删除锁键并解锁。

自动解锁功能可以通过 Redis 的键自动过期特性来实现，为了做到这一点，需要在执行带 NX 选项的 SET 命令时，通过 EX 选项或 PX 选项为锁键设置最大存活时间：

```
SET key value NX EX sec
SET key value NX PX ms
```

在此之后，如果锁键没有被解锁操作手动删除，Redis 会在指定的时限到达之后自动删除带有存活时间的锁键，从而解锁。

代码清单 3-2 展示了基于上述解决方案实现的锁程序。

代码清单 3-2 带自动解锁功能的锁程序 auto_release_lock.py

```
VALUE_OF_LOCK = ""

class AutoReleaseLock:

    def __init__(self, client, key):
        self.client = client
        self.key = key

    def acquire(self, timeout, unit="sec"):
        """
        尝试获取一个能够在指定时长之后自动解锁的锁。
        timeout 参数用于设置锁的最大加锁时长。
        可选的 unit 参数则用于设置时长的单位，
        它的值可以是代表秒的 sec 或者代表毫秒的 ms，默认为 sec。
```

```
        """
        if unit == "sec":
           return self.client.set(self.key, VALUE_OF_LOCK, nx=True, ex=timeout) is True
        elif unit == "ms":
           return self.client.set(self.key, VALUE_OF_LOCK, nx=True, px=timeout) is True
        else:
            raise ValueError("Unit must be 'sec' or 'ms'!")

    def release(self):
        """
        尝试解锁，成功时返回 True，失败时则返回 False。
        """
        return self.client.delete(self.key) == 1
```

这个锁实现的 acquire()方法接受 timeout 和 unit 两个参数，分别用于设置锁的最大加锁时长及其单位，而程序会根据 unit 参数的值决定是使用 SET 命令的 EX 选项还是 PX 选项来设置键的存活时间。除此之外，这个锁实现的解锁方法没有发生任何变化，跟之前一样，它只需要执行 DEL 命令将锁键删除即可。

作为例子，下面这段代码展示了上述锁程序的具体用法：

```
>>> from redis import Redis
>>> from auto_release_lock import AutoReleaseLock
>>> client = Redis(decode_responses=True)
>>> lock = AutoReleaseLock(client, "Lock:10086")
>>> lock.acquire(5)  # 最多加锁 5 s
True
>>> # 等待 5 s，自动解锁
>>> lock.acquire(5)  # 再次加锁成功
True
>>> lock.release()  # 在 5 s 之内手动解锁
True
```

注意

在使用带有自动解锁功能的锁实现时，锁的最大加锁时长必须超过程序在正常情况下完成任务操作所需的最大时长。

举个例子，如果客户端在成功加锁之后需要消耗 1 s 来完成指定的任务操作，那么你应该将最大加锁时长设置为 30 s 甚至更长，以便让 Redis 在加锁客户端出现真正的意外时自动解锁。

但如果你只是把最大加锁时长设置为 1 s 或者 2 s，那么当程序运行出现延误的时候，可能就会出现“客户端持有的锁已经被自动解锁，但它仍然在使用锁所保护的资源”这类情况，从而导致锁的安全性在实质上被破坏。

换句话说，锁的自动解锁功能就跟程序的异常一样，应该被用作保护措施而不是一般特性。成功加锁的客户端在程序正常运行的情况下还是应该手动解锁，而不是依靠自动解锁。

3.5 重点回顾

- 锁是计算机系统中经常会用到的一种重要的机制，它可以用来保证特定资源在任何时候最多只能有一个使用者。
- 每个锁程序至少会包含加锁和解锁两种操作，在 Redis 中，实现加锁操作最基本的方法就是使用带有 NX 选项的 SET 命令，该命令的性质保证了即使有多个客户端同时对同一个锁键执行相同的设置命令，最多也只会有一个客户端成功进行设置，而其他客户端的设置会失败，这保证了锁实现的安全性。
- 解锁可以通过删除锁对应的锁键来实现，而使用 Redis 的键自动过期特性，锁程序还可以让锁在指定的时长之后自动解锁。
- 锁的自动解锁功能就跟程序的异常一样，应该被用作保护措施而不是一般特性。成功加锁的客户端在程序正常运行的情况下还是应该手动解锁，而不是依靠自动解锁。

第 4 章 带密码保护功能的锁

第 3 章介绍的两个锁实现都假设只有持有锁的客户端会调用 `release()`方法来解锁，但实际上其他客户端即使没有成功加锁，也可以通过指定相同的锁键并执行 `release()`方法来解锁。

一般情况下，除非程序出现 bug 或者操作错误，否则没有持有锁的客户端是不应该解锁的。为了避免出现没有持有锁的客户端解锁这种情况，可以给锁加上密码保护功能，使锁只在给定正确密码的情况下才会被解锁。

4.1 需求描述

使用 Redis 实现一个带有密码保护功能的锁，使客户端只在输入正确密码的情况下才能解锁指定的锁。

4.2 解决方案

密码保护功能可以通过以下方式实现：

- 在执行加锁操作的时候，客户端需要提供一个密码，锁实现需要将成功加锁的客户端所提供的密码存储起来；
- 在执行解锁操作的时候，客户端同样需要提供一个密码，锁实现需要验证这个密码与成功加锁的客户端所设置的密码是否相同，如果相同则解锁，反之则不然。

在第 3 章的锁实现中，程序一直将锁键的值设置为空字符串`""`，但是在具有密码保护功能的锁实现中，程序将通过 `SET` 命令把客户端给定的密码设置为锁键的值。

举个例子，如果客户端提供字符串`"top_secret"`作为锁键 `Lock:10086` 的密码，那么加锁操作将执行以下命令：

```
SET Lock:10086 "top_secret" NX
```

与此相对，要实现解锁操作，需要执行以下操作。

（1）获取锁键的值（也就是加锁时设置的密码）。

（2）检查锁键的值是否与给定的密码相同，如果相同就执行第3步，否则执行第4步。

（3）删除锁键并返回 `True` 表示解锁成功。

（4）不对锁键做任何动作，只返回 `False` 表示解锁失败。

为了保证安全性，以上操作必须在事务中完成。

4.3 实现代码

代码清单4-1展示了根据4.2节所述解决方案实现的锁程序。

代码清单4-1 带有密码保护功能的锁程序 identity_lock.py

```
from redis import WatchError

class IdentityLock:

    def __init__(self, client, key):
        self.client = client
        self.key = key

    def acquire(self, password):
        """
        尝试获取一个带有密码保护功能的锁，
        成功时返回 True，失败时则返回 False。
        password 参数用于设置加锁/解锁密码。
        """
        return self.client.set(self.key, password, nx=True) is True

    def release(self, password):
        """
        根据给定的密码，尝试解锁。
        锁存在并且密码正确时返回 True，
        返回 False 则表示密码不正确或者锁已不存在。
        """
        tx = self.client.pipeline()
        try:
            # 监视锁键以防它发生变化
            tx.watch(self.key)
            # 获取锁键存储的密码
            lock_password = tx.get(self.key)
            # 比对密码
```

```
        if lock_password == password:
            # 情况 1：密码正确，尝试解锁
            tx.multi()
            tx.delete(self.key)
            return tx.execute()[0]==1   # 返回删除结果
        else:
            # 情况 2：密码不正确
            tx.unwatch()
    except WatchError:
        # 尝试解锁时发现键已变化
        pass
    finally:
        # 确保连接正确回归连接池，redis-py 的要求
        tx.reset()
    # 密码不正确或者尝试解锁时失败
    return False
```

正如前面所说，acquire()方法会接受一个密码作为参数并在之后将其设置为键的值。与此对应，release()方法在尝试解锁的时候，会先使用 WATCH 命令监视锁键，接着获取锁键的当前值并与给定密码进行比对，如果比对结果一致，程序就会以事务方式尝试删除锁键以解锁。

作为例子，下面这段代码展示了上述锁程序的具体用法：

```
>>> from redis import Redis
>>> from identity_lock import IdentityLock
>>> client = Redis(decode_responses=True)
>>> lock = IdentityLock(client, "Lock:10086")
>>> lock.acquire("top_secret")   # 尝试加锁并成功
True
>>> lock.release("wrong_password")   # 密码错误，解锁失败
False
>>> lock.release("top_secret")   # 密码正确，解锁成功
True
```

可以看到，release()方法只有在提供了正确密码的情况下，才会实际地执行解锁操作。

你可能会注意到，这个带密码保护功能的锁实现并未包含自动解锁功能：实际上密码保护功能和自动解锁功能是可以同时存在的，只是这样一来实现锁程序的代码就会变得相当复杂，因此本章将不会展示同时带有这两个功能的锁实现，有兴趣的读者可以自行尝试实现它。

4.4 重点回顾

- 第 3 章介绍的两个锁实现都假设只有持有锁的客户端会调用 release()方法来解

锁，但实际上其他客户端即使没有成功加锁，也可以通过指定相同的锁键并执行 `release()` 方法来解锁。

- 锁的密码保护功能可以通过两个步骤来实现：（1）当客户端尝试加锁时，将成功加锁客户端给定的密码保存在锁键中；（2）当客户端尝试解锁的时候，比对它给定的密码和锁键中保存的密码，只在两个密码相匹配的时候才执行实际的解锁操作。

第 5 章

自增数字 ID

传统 SQL 数据库可以使用 SERIAL 等类型创建连续的自动递增数字 ID，并将其用作检索数据或者连接数据时的标识符。但由于 Redis 直接使用键名作为检索数据的标识符，而且每个应用的键名通常都不相同，因此 Redis 并未内置自动的数字序列 ID 生成机制。

尽管如此，作为通用的数据标识手段，数字 ID 对很多使用 Redis 的应用来说仍是不可或缺的。通过 Redis 的字符串键或者哈希键可以创建自动递增的数字 ID，本章将介绍具体的实现方法。

5.1 需求描述

使用 Redis 生成连续的自动递增数字 ID。

5.2 解决方案：使用字符串键

要使用字符串键创建自动递增数字 ID，需要用到 Redis 的 INCR 命令：

```
INCR key
```

这个命令可以将存储在键 key 中的数字值加 1。如果给定键不存在，那么它会先将键的值初始化为 0，再执行加 1 操作。通过连续执行 INCR 命令可以使用字符串键创建连续的自增数字 ID：

```
redis> INCR UserID
(integer) 1
redis> INCR UserID
(integer) 2
redis> INCR UserID
(integer) 3
```

除生成数字 ID 之外，关于数字 ID 的另一个常见要求是保留特定数字之前的 ID，以此来满足系统未来的需求，或者防止用户出现抢注“靓号”等行为。

为了做到这一点，可以使用 SET 命令为给定键设置一个初始值，这样之后对该键执行的 INCR 命令只会产生大于初始值的数字 ID。但需要注意的是，为了避免重复生成相同的 ID，设置初始值的操作必须在给定键生成任何连续 ID 之前进行，也就是在键还没有值的时候进行。

为此，需要使用带 NX 选项的 SET 命令来保证设置只会在键没有值的情况下执行：

```
redis> SET PostID 1000000 NX
OK
redis> INCR PostID
(integer) 1000001
redis> INCR PostID
(integer) 1000002
```

正如上面这段代码所示，通过合理地使用 SET 命令和 INCR 命令，初始 ID 及其之前的数字 ID 将被保留，而后续产生的自增数字 ID 都将大于初始 ID。

5.3　实现代码：使用字符串键实现自增数字 ID 生成器

代码清单 5-1 展示了基于 5.2 节所述解决方案实现的自增数字 ID 生成器。

代码清单 5-1　使用字符串键实现的自增数字 ID 生成器 id_generator.py

```
class IdGenerator:

    def __init__(self, client, name):
        self.client = client
        self.name = name

    def produce(self):
        """
        生成并返回下一个 ID。
        """
        return self.client.incr(self.name)

    def reserve(self, n):
        """
        保留前 N 个 ID，使之后生成的 ID 都大于 N。
        这个方法只能在执行 produce()之前执行，否则函数将返回 False 表示执行失败。
        返回 True 则表示保留成功。
        """
        return self.client.set(self.name, n, nx=True) is True
```

作为例子，下面这段代码展示了如何使用这个程序保留前 100 万个 ID，并在之后生成连续的数字 ID：

```
>>> from redis import Redis
>>> from id_generator import IdGenerator
```

```
>>> client = Redis(decode_responses=True)
>>> gen = IdGenerator(client, "UserID")
>>> gen.reserve(1000000)  # 保留前 100 万个 ID
True
>>> gen.produce()  # 生成后续 ID
1000001
>>> gen.produce()
1000002
>>> gen.produce()
1000003
>>> gen.reserve(9999)  # 这个方法无法在生成 ID 之后调用
False
```

5.4 解决方案：使用哈希键

代码清单 5-1 展示的自动递增数字 ID 程序同样可以使用哈希键来实现。正如通过连续执行 INCR 命令可以使用字符串键创建连续的自增数字 ID 一样，通过连续执行 HINCRBY 命令也可以使用哈希键创建连续的自增数字 ID：

```
redis> HINCRBY UserID_Coll PostID 1
(integer) 1
redis> HINCRBY UserID_Coll PostID 1
(integer) 2
```

此外，也可以通过执行 HSETNX 命令，为代表指定 ID 生成器的字段设置默认值，使之后针对该字段生成的 ID 都大于该值，从而达到保护指定数量 ID 的目的：

```
redis> HSETNX UserID_Coll CommentID 1000000
(integer) 1
redis> HINCRBY UserID_Coll CommentID 1
(integer) 1000001
redis> HINCRBY UserID_Coll CommentID 1
(integer) 1000002
```

与使用字符串键实现的自增数字 ID 生成器相比，使用哈希键实现的自增数字 ID 生成器的好处是可以将多个相关的 ID 生成器放到同一个键中进行管理。例如，上面的两段代码就将生成文章 ID 的 PostID 和生成评论 ID 的 CommentID 两个生成器都放到了聚合用户相关 ID 的 UserID_Coll 键中。

5.5 实现代码：使用哈希键实现自增数字 ID 生成器

代码清单 5-2 展示了基于 5.4 节所述解决方案实现的自增数字 ID 生成器。

代码清单 5-2 使用哈希键实现的自增数字 ID 生成器 hash_id_generator.py

```
class HashIdGenerator:
```

```
    def __init__(self, client, key):
        self.client = client
        self.key = key

    def produce(self, name):
        """
        生成并返回下一个 ID。
        """
        return self.client.hincrby(self.key, name, 1)

    def reserve(self, name, number):
        """
        保留前 N 个 ID，使之后生成的 ID 都大于 N。
        这个方法只能在执行 produce()之前执行，否则函数将返回 False 表示执行失败。
        返回 True 则表示保留成功。
        """
        return self.client.hsetnx(self.key, name, number) == 1
```

作为例子，下面这段代码展示了上述 ID 生成器程序的具体用法：

```
>>> from redis import Redis
>>> from hash_id_generator import HashIdGenerator
>>> client = Redis(decode_responses=True)
>>> gen = HashIdGenerator(client, "UserID_Coll")
>>> gen.reserve("PostID", 1000000)
True
>>> gen.produce("PostID")
1000001
>>> gen.produce("PostID")
1000002
```

提示：数字 ID 的最大值

在 64 位计算机上，使用字符串键或哈希键生成的数字 ID 的最大值为 $2^{63}-1$，也就是 9 223 372 036 854 775 807。

5.6　重点回顾

- 作为通用的数据标识手段，数字 ID 对很多使用 Redis 的应用来说仍是不可或缺的，因此学习如何使用 Redis 生成这类 ID 非常有必要。
- 通过连续执行 `INCR` 命令可以使用字符串键创建连续的自增数字 ID，而带有 `NX` 选项的 `SET` 命令可以在这种情况下用于保留指定数量的前置 ID。
- 通过连续执行 `HINCRBY` 命令可以使用哈希键创建连续的自增数字 ID，而保留前置 ID 的工作由 `HSETNX` 命令来完成。

第 6 章 计数器

计数器是应用最常见的功能之一，它在整个互联网中随处可见。

- 阅读应用会用计数器记录每本书、每篇文章被阅读的次数。
- 应用商店会用计数器记录每个应用被下载的次数和付费购买应用的人数。
- 视频应用、音乐应用会用计数器记录视频和音乐被播放的次数。
- 为了保护用户的财产安全，银行应用可能会在后台用计数器记录每个账户的登录失败次数，并在需要的时候锁定账户以防止密码被暴力破解。

类似的例子还有很多。

6.1 需求描述

使用 Redis 实现计数器，从而对系统或用户的某些操作进行计数。

6.2 解决方案：使用字符串键

在 Redis 中实现计数器最常见的方法是使用字符串键：计数器核心的增加计数和减少计数操作可以分别通过 INCRBY 命令和 DECRBY 命令来完成。此外还需要用到 GET 命令和带有 GET 选项的 SET 命令，前者用于获取计数器的当前值，而后者则用于重置计数器的值并获取重置前的旧值。

作为例子，以下命令序列展示了如何对计数器键 GlobalCounter 执行加法和减法操作，并在需要的时候通过 GET 和 SET 命令获取它的值或者重置它的值：

```
redis> INCRBY GlobalCounter 1     # 增加计数器的值
(integer) 1
redis> INCRBY GlobalCounter 1
(integer) 2
```

```
redis> INCRBY GlobalCounter 100
(integer) 102
redis> DECRBY GlobalCounter 50     # 减少计数器的值
(integer) 52
redis> SET GlobalCounter 0 GET     # 重置计数器并获取旧值
"52"
redis> GET GlobalCounter     # 获取计数器的当前值
"0"
```

6.3 实现代码：使用字符串键实现计数器

代码清单 6-1 展示了基于 6.2 节所述解决方案实现的计数器程序。

代码清单 6-1 使用字符串键实现的计数器程序 counter.py

```
class Counter:

    def __init__(self, client, key):
        self.client = client
        self.key = key

    def increase(self, n=1):
        """
        将计数器的值加上指定的数字。
        """
        return self.client.incr(self.key, n)

    def decrease(self, n=1):
        """
        将计数器的值减去指定的数字。
        """
        return self.client.decr(self.key, n)

    def get(self):
        """
        返回计数器的当前值。
        """
        value = self.client.get(self.key)
        return 0 if value is None else int(value)

    def reset(self, n=0):
        """
        将计数器的值重置为参数 n 指定的数字，并返回计数器在重置之前的旧值。
        参数 n 是可选的，若省略则默认将计数器重置为 0。
        """
        value = self.client.set(self.key, n, get=True)
        return 0 if value is None else int(value)
```

作为例子，下面这段代码展示了上述计数器程序的具体用法：

```
>>> from redis import Redis
>>> from counter import Counter
>>> client = Redis(decode_responses=True)
>>> counter = Counter(client, "GlobalCounter")
>>> counter.increase()    # 增加计数器的值
1
>>> counter.increase()
2
>>> counter.increase(100)
102
>>> counter.decrease(50)    # 减少计数器的值
52
>>> counter.reset()    # 重置计数器并获取旧值
52
>>> counter.get()    # 获取计数器的当前值
0
```

这段代码执行的操作跟前面用 Redis 命令执行的操作完全一样。

6.4 解决方案：使用哈希键

除了使用字符串键，计数器还可以使用哈希键来实现。跟使用字符串键相比，使用哈希键实现计数器有两个优点。

- 使用哈希键实现的计数器可以将多个相关计数器放到同一个哈希键中进行管理。举个例子，如果应用需要为每个用户维护多个计数器，如访问计数器、下载计数器、付费计数器等，那么可以考虑将这些计数器都放到同一个哈希键中（如 `User:<id>:Counters` 键）。
- 对于一些使用哈希键存储的文档数据，也可以使用接下来将要介绍的技术，为它们加上计数功能。例如，一个存储文章信息的哈希键 `Post:<id>`可能会包含文章的标题、正文、作者、发布日期等信息，这时比起使用别的字符串键存储文章的浏览量，更好的做法是把浏览量也包含在相同的哈希键中，然后使用哈希键实现计数器的原理，在文章被阅读的同时更新它的浏览量。

使用哈希键实现计数器的核心是 HINCRBY 命令。

- 与使用字符串键实现的计数器通过执行 INCRBY 命令增加计数器的值类似，使用哈希键实现的计数器也将通过执行 HINCRBY 命令增加计数器的值。
- 因为 Redis 并没有为哈希键提供与 HINCRBY 对应的 HDECRBY 命令，所以哈希键实现的计数器将通过向 HINCRBY 命令传入负值的方式减少计数器的值。

此外，由于哈希键无法像带有 GET 选项的 SET 命令那样，在获取字符串键旧值的同时为键设置新值，因此哈希键实现的计数器必须通过用事务包裹 HGET 命令和 HSET 命令的方法来实现相应的 reset() 方法。

6.5 实现代码：使用哈希键实现计数器

代码清单 6-2 展示了根据 6.4 节所述解决方案实现的计数器程序。

代码清单 6-2 使用哈希键实现的计数器程序 hash_counter.py

```
class HashCounter:

    def __init__(self, client, key, name):
        """
        创建一个哈希键计数器对象。
        其中 key 参数用于指定包含多个计数器的哈希键的键名，
        而 name 参数则用于指定具体的计数器在该键中的名字。
        """
        self.client = client
        self.key = key
        self.name = name

    def increase(self, n=1):
        """
        将计数器的值加上指定的数字。
        """
        return self.client.hincrby(self.key, self.name, n)

    def decrease(self, n=1):
        """
        将计数器的值减去指定的数字。
        """
        return self.client.hincrby(self.key, self.name, 0-n)

    def get(self):
        """
        返回计数器的当前值。
        """
        value = self.client.hget(self.key, self.name)
        if value is None:
            return 0
        else:
            return int(value)

    def reset(self, n=0):
        """
```

```
        将计数器的值重置为参数 n 指定的数字，并返回计数器在重置之前的旧值。
        参数 n 是可选的，若省略则默认将计数器重置为 0。
        """
        tx = self.client.pipeline()
        tx.hget(self.key, self.name)  # 获取旧值
        tx.hset(self.key, self.name, n)   # 设置新值
        old_value, _ = tx.execute()
        if old_value is None:
            return 0
        else:
            return int(old_value)
```

作为例子，下面这段代码展示了上述计数器程序的具体用法：

```
>>> from redis import Redis
>>> from hash_counter import HashCounter
>>> client = Redis(decode_responses=True)
>>> counter = HashCounter(client, "User:10086:Counters", "login_counter")
>>> counter.increase()  # 增加计数器的值
1
>>> counter.increase()
2
>>> counter.decrease()  # 减小计数器的值
1
>>> counter.reset()  # 重置计数器并获取旧值
1
>>> counter.get()  # 获取计数器的当前值
0
```

6.6 重点回顾

- 计数器是应用最常见的功能之一，它在整个互联网中随处可见。
- 在 Redis 中实现计数器最常见的方法是使用字符串键：计数器核心的增加计数和减少计数操作可以分别通过 INCRBY 命令和 DECRBY 命令来完成。此外还需要用到 GET 命令和带有 GET 选项的 SET 命令，前者用于获取计数器的当前值，而后者则用于重置计数器的值并获取重置前的旧值。
- 除了使用字符串键，计数器还可以使用哈希键来实现。利用这一技术，程序可以将多个相关联的计数器聚合在一起，或者给存储文档数据的哈希键加入计数功能。

第 7 章

唯一计数器

第 6 章中介绍了简单计数器的实现方式，它可以在用户每次执行特定动作之后更新计数值。对于记录下载次数、浏览次数这类场景，这种计数器已经可以满足需求。但是，这种计数器对重复出现的对象或动作会多次进行计数，因此它并不适用于某些场景。

举个例子，假如现在想要统计的是访问网站的用户数量而不是网站被浏览的次数，那么第 6 章介绍的计数器将无法满足要求：因为它无法判断访问网站的是不同的用户还是重复访问网站多次的同一个用户。

这时需要的就是唯一计数器，这种计数器对每个特定的对象或动作只会计数一次。具体到统计用户数量的场景，这种计数器只会对不同的用户进行计数，而对同一个用户不会重复计数。

7.1 需求描述

使用 Redis 构建唯一计数器，这种计数器对每个特定的对象或动作只会计数一次。

7.2 解决方案：使用集合键

实现唯一计数器的一种方法，也是最直接的方法，就是使用 Redis 集合：通过将每个被计数的对象加到集合中，可以轻而易举地获取集合包含的成员数量，并在需要的时候快速地增删被计数的对象。

举个例子，如果现在想要使用 Redis 集合来统计访问网站的用户数量，那么只需要一直使用 `SADD` 命令将用户添加到某个集合当中即可。由于集合不会保留重复元素，因此只有未被计数过的用户才会被添加到集合中。之后，只需要使用 `SCARD` 命令就可以获取目前访问网站的用户数量，还可以在需要的时候使用 `SREM` 命令从集合中移除指定的用户。

作为例子，以下命令序列展示了如何使用集合键 `VisitCounter` 记录访问网站的用户：

```
redis> SADD VisitCounter "Peter"    -- 将用户添加至集合
(integer) 1
redis> SADD VisitCounter "Jack" "Tom"
(integer) 2
redis> SADD VisitCounter "Tom"    -- 重复对象不会被计数
(integer) 0
```

然后就可以通过 SCARD 命令获取当前访客的数量，或者从集合中移除特定的用户了：

```
redis> SCARD VisitCounter    -- 当前访客数量
(integer) 3
redis> SREM VisitCounter "Peter"    -- 从访客集合中移除指定用户
(integer) 1
redis> SCARD VisitCounter    -- 再次获取当前访客数量
(integer) 2
```

7.3 实现代码：使用集合键实现唯一计数器

代码清单 7-1 展示了基于 7.2 节所述解决方案实现的唯一计数器程序。

代码清单 7-1 使用集合键实现的唯一计数器程序 unique_counter.py

```python
class UniqueCounter:

    def __init__(self, client, key):
        self.client = client
        self.key = key

    def include(self, item):
        """
        尝试对给定元素进行计数。
        如果该元素之前没有被计数过，那么返回 True，否则返回 False。
        """
        return self.client.sadd(self.key, item) == 1

    def exclude(self, item):
        """
        尝试将被计数的元素移出计数器。
        移除成功返回 True，因元素尚未被计数而导致移除失败则返回 False。
        """
        return self.client.srem(self.key, item) == 1

    def count(self):
        """
        返回计数器当前已计数的元素数量。
        如果计数器为空，那么返回 0。
        """
        return self.client.scard(self.key)
```

作为例子，下面这段代码展示了上述唯一计数器程序的具体用法：

```
>>> from redis import Redis
>>> from unique_counter import UniqueCounter
>>> client = Redis(decode_responses=True)
>>> counter = UniqueCounter(client, "VisitCounter")
>>> counter.include("Peter")  # 对元素进行计数
True
>>> counter.include("Jack")
True
>>> counter.include("Tom")
True
>>> counter.include("Tom")  # 重复元素不会被计数
False
>>> counter.count()  # 查看当前计数结果
3
```

7.4 解决方案：使用 HyperLogLog 键

使用集合键实现的唯一计数器虽然能够满足需求，但它并非完美无缺：使用集合键实现的计数器需要将被计数的所有元素都添加到集合中，当需要计数的元素数量非常多，或者需要进行大量计数的时候，这种计数器将消耗大量内存。

为了解决这个问题，可以修改唯一计数器的程序，使用 HyperLogLog 而不是用集合作为底层结构。HyperLogLog 和集合的相同与不同之处如下。

- HyperLogLog 和集合一样，都可以对元素进行计数。
- HyperLogLog 和集合的不同之处在于，它返回的计数结果并不是准确的集合基数，而是一个与基数八九不离十的估算基数。
- HyperLogLog 的好处是它的内存占用量不会随着被计数元素的增多而增多，无论对多少元素进行计数，HyperLogLog 的内存开销都是固定的，并且是非常少的。

如果应用并不追求完全正确的计数结果，并且不需要准确知道某个元素是否已经被计数，那么完全可以使用 HyperLogLog 代替集合来实现唯一计数器。举个例子，如果你只是想要知道网站大概的访问人数，并且只关心这个计数结果，而不是想要知道某个具体的用户是否一定访问过网站，就可以使用 HyperLogLog 键实现的计数器。

举个例子，使用以下命令序列可以将给定的用户添加到用 HyperLogLog 键实现的计数器中，再获取当前的计数结果：

```
redis> PFADD HllVisitCounter "Peter" "Jack" "Tom"  -- 进行计数
(integer) 1
```

```
redis> PFADD HllVisitCounter "Peter"  -- 已计数的对象通常不会重复计数
(integer) 0
redis> PFCOUNT HllVisitCounter  -- 获取当前计数结果
(integer) 3
```

7.5　实现代码：使用 HyperLogLog 键实现唯一计数器

代码清单 7-2 展示了基于 7.4 节所述解决方案实现的唯一计数器程序。

代码清单 7-2　使用 HyperLogLog 键实现的唯一计数器程序 hll_unique_counter.py

```python
class HllUniqueCounter:

    def __init__(self, client, key):
        self.client = client
        self.key = key

    def include(self, item):
        """
        尝试对给定元素进行计数。
        如果该元素之前没有被计数过，那么返回 True，否则返回 False。
        """
        return self.client.pfadd(self.key, item) == 1

    def exclude(self, item):
        """
        尝试将被计数的元素移出计数器。
        移除成功返回 True，因元素尚未被计数而导致移除失败则返回 False。
        """
        raise NotImplementedError

    def count(self):
        """
        返回计数器当前已计数的元素数量。
        如果计数器为空，那么返回 0。
        """
        return self.client.pfcount(self.key)
```

因为 HyperLogLog 无法撤销对给定元素的计数，所以这个计数器也没有实现相应的 `exclude()` 方法。

作为例子，下面这段代码展示了上述计数器程序的具体用法：

```
>>> from redis import Redis
>>> from hll_unique_counter import HllUniqueCounter
>>> client = Redis(decode_responses=True)
>>> counter = HllUniqueCounter(client, "HllVisitCounter")
>>> counter.include("Peter")    # 计数元素
```

```
True
>>> counter.include("Jack")
True
>>> counter.include("Tom")
True
>>> counter.include("Tom")     # 已计数的元素没有被计数
False
>>> counter.count()     # 获取当前计数结果
3
```

可以看到，这个新的计数器使用起来就跟之前使用集合键实现的计数器一样，并且返回的结果也完全一致。如果继续向这个新的计数器输入更多元素，那么它可能会多计数或少计数其中一些元素，但无论如何，这个计数器的计数结果仍然会处于合理范围之内。

7.6 重点回顾

- 唯一计数器与简单计数器不一样，它对每个特定对象或动作只会计数一次而不是多次。
- 实现唯一计数器的一种方法，也是最直接的方法，就是使用 Redis 集合：通过将每个被计数的对象加到集合中，可以轻而易举地获取集合包含的成员数量，并在需要的时候快速地增删被计数的对象。
- 使用集合键实现的唯一计数器虽然能够满足需求，但它并非完美无缺：使用集合键实现的计数器需要将被计数的所有元素都添加到集合中，当需要计数的元素数量非常多，或者需要进行大量计数的时候，这种计数器将消耗大量内存。
- 一种更高效地实现唯一计数器的方法就是使用 HyperLogLog 键：这种数据结构既可以对元素进行计数，又只需要少量内存。虽然 HyperLogLog 记录的计数并不是完全精确的，但这对很多不需要精确计数结果的应用来说并不是问题。

第 8 章 速率限制器

速率限制是计算机系统常用的一种限制手段，它可以用于控制系统处理请求或者执行操作的频率，从而达到保护系统自身、数据及用户安全等多个方面的目的。

举个例子，很多用户生成内容的应用或者网店会通过速率限制手段限制用户在一定时间内访问页面的次数，从而防止伪装成用户的网络爬虫大规模复制并克隆其内容。

另外，很多应用会限制用户在一定时间内尝试登录的次数，以此来避免黑客对用户密码进行暴力破解，像网银、网店和电子邮箱这类对安全性要求较高的应用甚至会在识别到这类攻击后向用户发送警报信息。

除此之外，诸如云计算之类的在线服务也会经常用到速率限制，这种机制可以帮助用户抵御恶意的 API 调用和 DDoS 攻击，从而确保用户的安全性。

8.1 需求描述

使用 Redis 实现一个速率限制器，从而实现诸如“用户在 x 小时之内最多只能执行指定操作 n 次”等限制。

8.2 解决方案

实现速率限制器的关键，是要维护一个在指定时限内存在的计数器，然后根据计数器的值判断指定操作是否可以执行。为此，需要做到以下两点。

（1）为执行指定受限操作的用户分别维护一个计数器，用于统计用户在指定时限内执行该操作的次数；

（2）第 1 步中的计数器在指定的时限内必须持续存在，并在时限到达之后自行销毁，从而将用户已有的计数清零，并在需要的时候重新创建计数器以开始新的计数。

为了实现这样的计数器，需要用到 Redis 的字符串键以及键的自动过期特性。

举个例子，假如想要限制用户 Peter 在 24 h 内尝试登录的次数，那么可以在 Peter 每次尝试登录时执行以下命令序列，将其对应的 RateLimiter:Peter:login 计数器的值加 1，并在需要的时候为该计数器设置 24 h（也就是 86 400 s）的过期时间，从而使这个计数器可以在指定的时限内一直存在：

```
redis> MULTI
OK
redis(TX)> INCR RateLimiter:Peter:login
QUEUED
redis(TX)> EXPIRE RateLimiter:Peter:login 86400 NX
QUEUED
redis(TX)> EXEC
1) (integer) 1
2) (integer) 1
```

注意，在为计数器设置过期时间时，EXPIRE 命令使用了 NX 参数以确保命令只会在键没有设置过期时间的情况下为其设置过期时间。反之，如果省略了这个 NX 选项，那么程序就会在每次执行 EXPIRE 命令的时候刷新计数器的过期时间，从而导致计数时限不正确。

在此之后，通过获取计数器键的值，就可以知道 Peter 当前尝试登录了多少次：

```
redis> GET RateLimiter:Peter:login
"1"
```

通过将计数器的当前值与系统允许的最大尝试登录次数进行比较，就可以判断出是否让 Peter 执行登录操作。

此外，当用户由于执行受限操作次数过多而被禁止时，也可以通过对计数器执行 TTL 命令来获知用户还需要多久才能解禁并再次执行受限操作：

```
redis> TTL RateLimiter:Peter:login
(integer) 86385
```

最后，如果出于某些原因想要清零用户的计数器，或者想要解除对被禁止用户的操作限制，那么只需要删除与用户对应的受限操作计数器即可：

```
redis> DEL RateLimiter:Peter:login
(integer) 1
```

在这个命令执行之后，Peter 就可以再次执行登录操作并重新开始计数。

8.3 实现代码

代码清单 8-1 展示了基于 8.2 节所述解决方案实现的速率限制程序。

代码清单 8-1　速率限制程序 rate_limiter.py

```
def make_limiter_key(uid, action):
    """
    构建用于记录用户执行指定操作次数的计数器键。
    例子： RateLimiter:Peter:login
    """
    return "RateLimiter:{0}:{1}".format(uid, action)

class RateLimiter:

    def __init__(self, client, action, interval, maximum):
        """
        根据给定的操作、间隔和最大次数参数，创建相应操作的速率限制器实例。
        """
        self.client = client
        self.action = action
        self.interval = interval
        self.maximum = maximum

    def is_permitted(self, uid):
        """
        判断给定用户当前是否可以执行指定操作。
        """
        key = make_limiter_key(uid, self.action)
        # 更新计数器并在需要的时候为其设置过期时间
        tx = self.client.pipeline()
        tx.incr(key)
        tx.expire(key, self.interval, nx=True)
        current_times, _ = tx.execute()
        # 根据计数器的当前值判断本次操作是否可以执行
        return current_times <= self.maximum

    def remaining(self, uid):
        """
        返回给定用户当前还可以执行指定操作的次数。
        """
        # 根据键获取计数器中存储的值
        key = make_limiter_key(uid, self.action)
        current_times = self.client.get(key)
        # 值为空则表示给定用户当前并未执行过指定操作
        if current_times is None:
            return self.maximum
        # 将值转换为数字，然后通过计算获取剩余的可执行次数
        current_times = int(current_times)
        if current_times > self.maximum:
            return 0
        else:
            return self.maximum - current_times
```

```
    def duration(self, uid):
        """
        计算距离给定用户被允许再次执行指定操作需要多长时间，单位为秒。
        返回 None 则表示给定用户当前无须等待，仍然可以执行指定操作。
        """
        # 同时取出计数器的当前值和它的剩余存活时间
        key = make_limiter_key(uid, self.action)
        tx = self.client.pipeline()
        tx.get(key)
        tx.ttl(key)
        current_times, remaining_ttl = tx.execute()
        # 仅在计数器非空并且次数已超限的情况下计算需等待时长
        if current_times is not None:
            if int(current_times) >= self.maximum:
                return remaining_ttl

    def revoke(self, uid):
        """
        撤销对用户执行指定操作的限制。
        """
        key = make_limiter_key(uid, self.action)
        self.client.delete(key)
```

为了展示上述速率限制程序的使用方法，下面这段代码创建了一个限制用户在 24 h 内最多只能尝试登录 5 次的速率限制器：

```
>>> from redis import Redis
>>> from rate_limiter import RateLimiter
>>> client = Redis(decode_responses=True)
>>> limiter = RateLimiter(client, "login", 86400, 5)
```

之后，可以使用下面这段代码来模拟 Peter 执行了 3 次登录操作，而这些操作都会被允许：

```
>>> for i in range(3):
...
   limiter.is_permitted("Peter")
...
True
True
True
```

而 `remaining()` 方法则显示 Peter 至少还能够再尝试登录 2 次：

```
>>> limiter.remaining("Peter")
2
```

再次尝试登录 3 次之后，前两次会成功，而最后一次（第 6 次）会失败：

```
>>> for i in range(3):
...
   limiter.is_permitted("Peter")
```

```
...
True
True
False
```

这时 Peter 已经由于尝试登录次数过多而被禁止再执行登录操作，调用 `duration()` 方法可以获知 Peter 距离解禁并被允许再次执行登录操作需要多少秒：

```
>>> limiter.duration("Peter")
86368
```

当然，如果需要，通过调用 `revoke()` 方法即可撤销对 Peter 登录操作的禁止，立即允许他再次执行登录操作：

```
>>> limiter.revoke("Peter")
>>> limiter.is_permitted("Peter")
True
```

8.4 重点回顾

- 速率限制是计算机系统常用的一种限制手段，它可以用于控制系统处理请求或者执行操作的频率，从而达到保护系统自身、数据及用户安全等多个方面的目的。
- 实现速率限制器的关键，是要维护一个在指定时限内存在的计数器，然后根据计数器的值判断指定操作是否可以执行。为此需要用到 Redis 的字符串键以及键的自动过期特性。
- 每当用户尝试执行受限操作时，就使用 `INCR` 命令将对应计数器的值加 1，然后通过检查计数器的当前值与系统允许的最大可执行次数来判断是否让用户执行受限操作。
- 当用户由于执行受限操作次数过多而被禁止时，可以对计数器执行 `TTL` 命令来获知用户解禁所需的时间，或者使用 `DEL` 命令删除计数器来解除对被禁止用户的操作限制。

第 9 章 二元操作记录器

二元操作记录器用于记录用户是否执行了指定的操作，这种需求的一个典型例子就是实现很多应用的签到功能：对应用的每个用户来说，每一天，他们要么签到了，要么没签到。

一个应用的生命周期可能会很长，可能需要在 3 年、5 年甚至更长的时间跨度内连续记录大量用户的这一数据，鉴于此，如何高效、准确并且以尽可能节约内存的方式存储这种记录就成了一个值得研究的问题。

如果单纯考虑存储用户的签到记录，那么问题会非常简单：只要使用集合或者列表存储用户每次签到的日期即可。但这样一来，对用户数量庞大并且用户签到较为频繁的网站来说，光是实现这个简单的功能就需要耗费大量内存。

另外，虽然使用 HyperLogLog 能够以极低的内存记录大量元素，但它的概率特性决定了它无法用于准确记录的场景。例如，如果签到应用记录的是公司员工的出勤情况，那么一次不准确的计数可能会让员工失去全勤奖，甚至产生劳动争议。

9.1 需求描述

使用 Redis 长期记录用户执行某个二元操作的具体情况，并且希望尽可能减少存储这种记录所需的内存空间。

9.2 解决方案

要长期记录二元操作的执行情况，需要用到 Redis 的位图数据结构，它可以存储连续的一串二进制位，并基于索引对各个二进制位进行设置。

在这个基础上，可以使用某个日期或时间作为基准，然后根据这个基准对位图中特定索引的二进制位进行设置，以此来记录用户在某天或某时是否执行了指定的操作：如果二进制位的值设置为 `1`，就表示用户执行了指定的操作；反之，如果二进制位的值设置为 `0`，就说明用户没有执行指定的操作。

举个例子，可以以 2025 年 1 月 1 日作为基准日期，并以天数为单位对位图上的二进制位进行设置，以此来记录用户每天的签到情况，其中：位图索引 0 上的二进制位记录 2025 年 1 月 1 日的签到情况；位图索引 1 上的二进制位记录 2025 年 1 月 2 日的签到情况；位图索引 2 上的二进制位记录 2025 年 1 月 3 日的签到情况，以此类推。

在这个基础上，如果想要检查用户的全勤情况，只需要检查指定索引范围内的全部二进制位即可。例如，如果想要检查用户在 2025 年是否全年 365 天都签到了，只需要检查索引 0 至索引 364 上的二进制位是否全部为 1 即可。

作为例子，以下命令序列展示了如何使用 SETBIT 命令记录 ID 为 10086 的用户在指定日期的签到情况：

```
redis> SETBIT User:10086:sign_in 0 1    -- 2025.1.1
(integer) 0
redis> SETBIT User:10086:sign_in 2 1    -- 2025.1.3
(integer) 0
redis> SETBIT User:10086:sign_in 3 1    -- 2025.1.4
(integer) 0
redis> SETBIT User:10086:sign_in 6 1    -- 2025.1.7
(integer) 0
```

以上命令通过分别将指定的 3 个二进制位设置为 1 来表示用户在当天的签到情况。在此基础上，可以通过调用以下 BITCOUNT 命令来获取用户在 2025 年 1 月 1 日至 2025 年 1 月 7 日的签到情况：

```
redis> BITCOUNT User:10086:sign_in 0 6    -- 2025.1.1~2025.1.7
(integer) 4
```

根据结果可知，该用户在这 7 天内一共签到了 4 次。

9.3　实现代码

代码清单 9-1 展示了基于 9.2 节所述解决方案实现的二元操作记录器。

代码清单 9-1　二元操作记录器 binary_recorder.py

```
class BinaryRecorder:

    def __init__(self, client, key):
        self.client = client
        self.key = key

    def setbit(self, index):
        """
```

```
        将指定索引上的二进制位设置为 1。
        """
        self.client.setbit(self.key, index, 1)

    def clearbit(self, index):
        """
        将指定索引上的二进制位设置为 0。
        """
        self.client.setbit(self.key, index, 0)

    def getbit(self, index):
        """
        获取指定索引上的二进制位的值。
        """
        return self.client.getbit(self.key, index)

    def countbits(self, start, end):
        """
        统计指定索引区间内，值为 1 的二进制位数量。
        """
        return self.client.bitcount(self.key, start, end, "BIT")
```

作为例子，下面这段代码模拟了如何使用二元操作记录器记录指定用户的签到情况：

```
>>> from redis import Redis
>>> from binary_recorder import BinaryRecorder
>>> client = Redis(decode_responses=True)
>>> recorder = BinaryRecorder(client, "User:256512:sign_in")
>>> recorder.setbit(0)  # 签到
>>> recorder.setbit(3)
>>> recorder.countbits(0, 6)  # 统计签到次数
2
```

这段代码使用了 `User:256512:sign_in` 键来记录 ID 为 `256512` 的用户的签到情况，并使用 `setbit()` 方法将索引 `0` 和索引 `3` 上的二进制位设置为 `1`，以此来表示该用户在基准日当天和基准日后的第 3 天都签到了，再使用 `countbits()` 方法统计该用户在包括基准日在内的 7 天的签到情况，最终得到的结果是 `2`，表示用户只签到了两天。

在不计算 Redis 存储数据所需额外消耗的情况下，这个程序记录单个用户的每次签到只需要占用内存的一个二进制位（1 位），而记录一年（365 天）签到所需的内存也仅为 365 位。即使保存 10 年的签到记录，单个用户所需的内存也不过是 3650 位（约 0.45 KB）。这样的低内存占用完全能够满足本章前面提到的对多用户、长时间跨度的记录要求。

9.4 重点回顾

- 二元操作记录器用于记录用户是否执行了指定的操作，这种需求的一个典型例子

就是实现很多应用中的签到功能：每一天，对应用中的每个用户来说，他们要么签到了，要么没签到。

- 一个应用的生命周期可能会很长，可能需要在3年、5年甚至更长的时间跨度内连续记录大量用户的这一数据，鉴于此，如何高效、准确并且以尽可能节约内存的方式存储这种记录就成了一个值得研究的问题。
- 虽然使用集合是实现二元操作记录器最简单的方法，但这种方法需要耗费大量内存，而使用 HyperLogLog 实现二元操作记录器虽然能够节约内存，但 HyperLogLog 的概率特性将使它无法用于准确记录的场景。
- 为了同时达到“准确记录二元操作的执行状态”和“尽可能地节约内存”这两个目的，可以使用 Redis 的位图数据结构来实现二元操作记录器：当用户执行了指定的操作时，记录器程序需要将对应二进制位的值设置为 `1`；与此相反，如果二进制位的值设置为 `0`，就说明用户未执行指定操作。

第 10 章 资源池

计算机系统中存在各式各样不同的资源：在硬件层面，资源可以是 CPU 时间、内存容量、硬盘空间或带宽等；而在软件层面，资源可以是文件、线程、进程或者负责处理任务的客户端等。

如何管理资源一直是计算机系统最常遇到的问题之一，解决这个问题的一种常见方法，就是将同类的资源都关联到一个资源池中，并在需要使用资源时向资源池发送请求以获取资源，在资源使用完后将其归还至资源池。

10.1 需求描述

使用 Redis 来构建资源池程序以管理一系列资源，这个程序应该包含关联资源、释放资源和获取资源等功能。

10.2 解决方案

资源池实际上就是一个记录资源的集合，所以可以使用 Redis 集合来实现它，其中将资源关联（或者说添加）到资源池的工作可以通过 SADD 命令来实现，而从资源池中取消关联（或者说移除）资源的工作则可以通过 SREM 命令来实现。

例如，通过执行以下命令，可以将一系列工作进程作为可用资源添加至 Workers:available 集合中，这样该集合就会变成一个工作进程资源池：

```
redis> SADD Workers:available "Worker1" "Worker2" "Worker3"
(integer) 3
```

在这个基础上，除了需要使用一个集合来记录可用的资源，还需要使用另一个集合来记录已被占用的资源：每当用户执行获取操作从资源池中获取一项资源的时候，程序将使用 SMOVE 命令把被获取的资源从可用资源集合移至已占用资源集合，并且为了保证每项资源都能被公平地获取，选取可用资源的工作将由 SRANDMEMBER 命令来完成。最后，为了保证程序的正确性，涉及两个集合的操作都需要使用 Redis 事务来执行。

例如，要从上面提到的工作进程资源池中获取一个工作进程，需要执行以下命令以随机获取其中一项资源并将其移至已占用资源池中：

```
redis> SRANDMEMBER Workers:available
"Worker1"
redis> SMOVE Workers:available Workers:occupied "Worker1"
(integer) 1
```

下面是获取操作执行之后，资源池的可用集合和已占用集合包含的成员：

```
redis> SMEMBERS Workers:available
1) "Worker2"
2) "Worker3"
redis> SMEMBERS Workers:occupied
1) "Worker1"
```

10.3　实现代码

代码清单 10-1 展示了基于 10.2 节所述解决方案实现的资源池程序。

代码清单 10-1　资源池程序 resource_pool.py

```
from redis import WatchError

def available_key(pool_name):
    return "ResourcePool:{0}:available".format(pool_name)

def occupied_key(pool_name):
    return "ResourcePool:{0}:occupied".format(pool_name)

class ResourcePool:

    def __init__(self, client, pool_name):
        """
        基于给定的资源池名字创建出相应的资源池对象。
        """
        self.client = client
        self.available_set = available_key(pool_name)
        self.occupied_set = occupied_key(pool_name)

    def associate(self, resource):
        """
        将指定资源关联到资源池中。
        返回 True 表示关联成功，返回 False 表示资源已存在，关联失败。
        返回 None 则表示关联过程中操作失败，需要重新尝试。
```

```
        """
        tx = self.client.pipeline()
        try:
            # 监视两个集合，观察它们是否在操作中途变化
            tx.watch(self.available_set, self.occupied_set)
            # 检查给定资源是否存在于两个集合中
            if tx.sismember(self.available_set, resource) or \
               tx.sismember(self.occupied_set, resource):
                # 资源已存在，放弃添加
                tx.unwatch()
                return False
            else:
                # 资源未存在，尝试添加
                tx.multi()
                tx.sadd(self.available_set, resource)
                return tx.execute()[0]==1  # 添加是否成功？
        except WatchError:
            # 操作过程中集合键发生了变化，需要重试
            pass
        finally:
            tx.reset()

    def disassociate(self, resource):
        """
        将指定资源从资源池中移除。
        移除成功返回 True，因资源不存在而导致移除失败则返回 False。
        """
        # 使用事务同时向两个集合发出 SREM 命令
        # 当资源存在于池中时，其中一个集合将返回 1 作为 SREM 命令的结果
        tx = self.client.pipeline()
        tx.srem(self.available_set, resource)
        tx.srem(self.occupied_set, resource)
        ret1, ret2 = tx.execute()
        return ret1==1 or ret2==1

    def acquire(self):
        """
        尝试从资源池中获取并返回可用的资源。
        返回 None 表示资源池为空，或者获取过程中操作失败。
        """
        tx = self.client.pipeline()
        try:
            # 监视两个集合，观察它们是否在操作中途变化
            tx.watch(self.available_set, self.occupied_set)
            # 尝试从可用资源集合中随机获取一项资源
            resource = tx.srandmember(self.available_set)
            if resource is not None:
                # 将资源从可用资源集合移至已占用资源集合
                tx.multi()
```

```
                tx.smove(self.available_set, self.occupied_set, resource)
                smove_ret = tx.execute()[0]
                if smove_ret == 1:
                    return resource
        except WatchError:
            # 操作过程中集合键发生了变化，需要重试
            pass
        finally:
            tx.reset()

    def release(self, resource):
        """
        将给定的一项已被占用的资源回归至资源池。
        回归成功时返回 True，因资源不属于资源池而导致回归失败时返回 False。
        """
        # 将资源从已占用资源集合移至可用资源集合
        return self.client.smove(self.occupied_set, self.available_set, resource)
```

作为例子，下面这段代码展示了如何使用这个资源池程序的各项功能：

```
>>> from redis import Redis
>>> from resource_pool import ResourcePool
>>> client = Redis(decode_responses=True)
>>> pool = ResourcePool(client, "Workers")
>>> for i in range(1, 6):  # 在资源池中关联 5 个工作进程
...   pool.associate("Worker{}".format(i))
...
True
# ...
True
>>> pool.acquire()  # 获取 3 个工作进程
'Worker4'
>>> pool.acquire()
'Worker2'
>>> pool.acquire()
'Worker3'
>>> pool.release("Worker3")  # 释放 1 个工作进程
True
>>> pool.disassociate("Worker1")  # 解除对 Worker1 的关联
True
```

10.4 重点回顾

- 计算机系统中存在各式各样不同的资源，如何管理资源一直是计算机系统最常遇到的问题之一，解决这个问题的一种常见方法，就是将同类的资源都关联到一个资源池中，并在需要使用资源时向资源池发送请求以获取资源，在资源使用完后将其归还至资源池。

- 资源池实际上就是一个记录资源的集合，所以可以使用 Redis 集合来实现它，其中将资源关联（或者说添加）到资源池的工作可以通过 SADD 命令来实现，而从资源池中取消关联（或者说移除）资源的工作则可以通过 SREM 命令来实现。
- 除了需要使用一个集合来记录可用的资源，还需要使用另一个集合来记录已被占用的资源：每当用户执行获取操作从资源池中获取一项资源的时候，程序将使用 SMOVE 命令把被获取的资源从可用资源集合移至已占用资源集合，并且为了保证每项资源都能被公平地获取，选取可用资源的工作将由 SRANDMEMBER 命令来完成。

第 11 章

紧凑字符串

一般来说，当需要在 Redis 中存储大量字符串的时候，常见的做法就是为每个字符串分别创建一个字符串键：

```
redis> SET Log:10086 "HTTP/1.1 200 OK"
OK
redis> SET Log:10087 "Server: nginx/1.16.1"
OK
redis> SET Log:10088 "Date: Fri, 05 Jun 2024 14:40:07 GMT"
OK
```

或者将字符串用作列表的项，将它们都追加到列表的末尾：

```
redis> RPUSH Logs "HTTP/1.1 200 OK"
(integer) 1
redis> RPUSH Logs "Server: nginx/1.16.1"
(integer) 2
redis> RPUSH Logs "Date: Fri, 05 Jun 2024 14:40:07 GMT"
(integer) 3
```

上述两种方法都是可行的，只是无论将字符串存储在字符串键中，还是将字符串存储在列表项中，都会带来额外的内存开销，而需要存储的字符串数量越多，由此带来的额外内存开销也就越大。

本节将介绍一种使用 Redis 存储大量字符串的方法，跟上面介绍的两种方法相比，它能够有效地减少存储所需的额外内存。

11.1 需求描述

使用 Redis 存储大量字符串，并且希望尽可能减少存储这些字符串所需的内存。

11.2 解决方案

为了减少存储大量字符串所需的内存，可以选择另一种变通的存储方式。

（1）使用 APPEND 命令，将大量字符串以追加的形式存储在同一个字符串键中，这样就避免了使用多个字符串键或多个列表项带来的内存开销。

（2）在每次向字符串键执行追加操作之前，向被追加的新字符串末尾添加一个特殊的分隔符作为标识，如换行符\n。

（3）在需要的时候，从字符串键中取出指定大小的数据块，然后基于分隔符将它们逐一还原为字符串。

作为例子，下面这段代码展示了将 3 个字符串追加到同一个字符串键中的情况：

```
redis> APPEND StrLog "HTTP/1.1 200 OK\n"
(integer) 16
redis> APPEND StrLog "Server: nginx/1.16.1\n"
(integer) 37
redis> APPEND StrLog "Date: Fri, 05 Jun 2024 14:40:07 GMT\n"
(integer) 73
```

注意，在每个字符串的最后都添加了分隔符\n。

相对地，当需要获取被存储的字符串时，只需要使用 GETRANGE 命令取出字符串键的全部数据或者部分数据即可：

```
redis> GETRANGE StrLog 0 15  -- 获取第一个字符串
"HTTP/1.1 200 OK\n"
redis> GETRANGE StrLog 16 36  -- 获取第二个字符串
"Server: nginx/1.16.1\n"
redis> GETRANGE StrLog 0 -1  -- 获取全部字符串
"HTTP/1.1 200 OK\nServer: nginx/1.16.1\nDate: Fri, 05 Jun 2024 14:40:07 GMT\n"
redis>
```

在取得 GETRANGE 命令的结果之后，只需要根据之前设置的分隔符对数据进行分隔，就可以还原存储之前的字符串值了。

11.3 实现代码

代码清单 11-1 展示了基于 11.2 节所述解决方案实现的紧凑字符串程序。

代码清单 11-1 紧凑字符串程序 compact_string.py

```
DEFAULT_SEPARATOR = "\n"
```

```
class CompactString:

    def __init__(self, client, key, separator=DEFAULT_SEPARATOR):
        """
        可选的 separator 参数用于指定分隔各个字符串的分隔符，默认为\n。
        """
        self.client = client
        self.key = key
        self.separator = separator

    def append(self, string):
        """
        将给定的字符串添加至已有字符串值的末尾。
        """
        content = string + self.separator
        return self.client.append(self.key, content)

    def get_bytes(self, start=0, end=-1):
        """
        可选的索引参数用于指定想要获取的字符串数据的范围。
        如果没有给定索引范围，则默认返回所有字符串。
        这个方法将返回一个列表，其中可以包含零个或任意多个字符串。
        （在指定索引范围的情况下，位于索引两端的字符串可能是不完整的。）
        """
        # 根据索引范围获取字符串数据
        content = self.client.getrange(self.key, start, end)
        # 基于字符串数据的内容对其进行处理
        if content == "":
            # 内容为空
            return []
        elif self.separator not in content:
            # 内容只包含单个不完整的字符串
            return [content]
        else:
            # 内容包含至少一个完整的字符串，基于分隔符对其进行分隔
            list_of_strings = content.split(self.separator)
            # 移除 split()方法可能在列表中包含的空字符串值
            if "" in list_of_strings:
                list_of_strings.remove("")
            return list_of_strings
```

作为例子，下面这段代码展示了上述紧凑字符串程序的具体用法：

```
>>> from redis import Redis
>>> from compact_string import CompactString
>>> client = Redis(decode_responses=True)
>>> logs = CompactString(client, "CompactLogs")
>>> logs.append("HTTP/1.1 200 OK")  # 添加字符串
16
```

```
>>> logs.append("Server: nginx/1.16.1")
37
>>> logs.append("Date: Fri, 05 Jun 2024 14:40:07 GMT")
73
>>> logs.get_bytes()  # 获取所有字符串
['HTTP/1.1 200 OK', 'Server: nginx/1.16.1', 'Date: Fri, 05 Jun 2024 14:40:07 GMT']
>>> logs.get_bytes(0, 20)  # 获取前 20 字节的字符串内容
['HTTP/1.1 200 OK', 'Serve']
```

可以看到，在使用这个程序的时候，为字符串添加分隔符以及基于分隔符分隔多个字符串的操作对用户都是透明的：程序的使用者无须担心这些麻烦事，只需要享受程序带来的内存优化效果即可。

11.4　重点回顾

- 在存储大量字符串时，比起使用多个字符串键或者一个列表键中的多个列表项，更节约内存的方式是将多个字符串都存储在同一个字符串键中。
- 使用 APPEND 命令加上特定的分隔符，程序可以将多个字符串存储在同一个字符串键中，然后使用 GETRANGE 命令获取该键在指定索引范围内的数据，并在需要的时候根据分隔符对数据中的多个字符串进行分隔。

第12章 数据库迭代器

迭代器是一个非常重要的数据库特性，它可以让用户分批获取数据库中的数据，而不是一次性获取整个数据库的全部数据，因为后一种做法在数据量巨大的时候很容易造成服务器阻塞。

Redis 向用户提供了 SCAN 命令以迭代数据库中的键，但这个命令只有在接收到正确的游标时才会正确地运行，而手动维护和更新游标往往容易造成错误。

为了解决这个问题，本章将构建一个 Redis 数据库迭代器，由它负责封装和调用 SCAN 命令，并在迭代过程中不断地自动更新游标，使用户在迭代过程中无须关心游标。

12.1 需求描述

在程序中以迭代方式访问 Redis 数据库，并且不希望手动维护迭代时产生的游标。

12.2 解决方案

Redis 提供了 SCAN 命令以便对数据库实施迭代访问，用户只需要持续地执行这个命令，并适时向它提供更新后的游标，就可以用渐进的方式迭代访问整个数据库。

作为例子，下面这段代码展示了如何通过 SCAN 命令，以每 5 个键一次的方式迭代一个包含 13 个键的数据库：

```
redis> SCAN 0 COUNT 5  -- 第一次迭代
1) "1"
2) 1) "Key:7322915482"
   2) "Key:7546531131"
   3) "Key:2090130470"
   4) "Key:6992086739"
   5) "Key:2298694274"
   6) "Key:8939973113"
```

```
redis> SCAN 1 COUNT 5  -- 第二次迭代
1) "11"
2) 1) "Key:7449569114"
   2) "Key:3325812056"
   3) "Key:0422676670"
   4) "Key:8520951905"
   5) "Key:9120617026"
redis> SCAN 11 COUNT 5  -- 第三次迭代（迭代完毕）
1) "0"
2) 1) "Key:5081797988"
   2) "Key:0616761883"
```

注意，SCAN 命令的实现原理决定了它返回的元素数量并不一定就是在 COUNT 参数中指定的数量，命令实际返回的元素数量可能会多一些，也可能会少一些。

12.3 实现代码

为了在程序中更好地实现数据库迭代功能，可以用一个迭代器类 DbIterator 把 SCAN 命令封装起来，并在类的内部变量中记录和更新 SCAN 命令在迭代时产生的游标，这样就不必在每次迭代时手动记录和传入游标了。

代码清单 12-1 展示了基于 12.2 节所述解决方案实现的数据库迭代程序。

代码清单 12-1　数据库迭代器程序 db_iterator.py

```python
DEFAULT_COUNT = 10

class DbIterator:

    def __init__(self, client, count=DEFAULT_COUNT):
        """
        初始化数据库迭代器。
        可选的 count 参数用于建议迭代器每次返回的键数量。
        """
        self.client = client
        self.count = count
        self._cursor = 0

    def next(self):
        """
        迭代数据库，并以列表形式返回本次被迭代的键。
        """
        # 迭代已结束，直接返回 None 作为标志
        if self._cursor is None: return

        new_cursor, keys = self.client.scan(self._cursor, count=self.count)
        # 通过命令返回的新游标来判断迭代是否已结束
```

```
        if new_cursor == 0:
            # 迭代已结束
            self._cursor = None
        else:
            # 迭代未结束，更新游标
            self._cursor = new_cursor

        # 返回被迭代的键
        return keys

    def rewind(self):
        """
        重置迭代游标以便从头开始对数据库进行迭代。
        """
        self._cursor = 0
```

作为例子，下面这段代码展示了如何使用这个迭代程序来迭代整个数据库：

```
>>> from redis import Redis
>>> from db_iterator import DbIterator
>>> from random_key_generator import random_key_generator
>>> random_key_generator(client, 13)  # 创建 13 个类型随机的键
>>> iterator = DbIterator(client, 5)  # 建议每次迭代获取 5 个键
>>> iterator.next()  # 第一次迭代
['Key:7322915482', 'Key:7546531131', 'Key:2090130470', 'Key:6992086739',
'Key:2298694274', 'Key:8939973113']
>>> iterator.next()  # 第二次迭代
['Key:7449569114', 'Key:3325812056', 'Key:0422676670', 'Key:8520951905',
'Key:9120617026']
>>> iterator.next()  # 第三次迭代
['Key:5081797988', 'Key:0616761883']
>>> iterator.next()  # 迭代完毕
>>>
```

上面这段代码使用了 `random_key_generator` 函数以创建指定数量的随机类型键，代码清单 12-2 展示了该函数的定义。

代码清单 12-2 随机类型键生成器 random_key_generator.py

```
from random import randint, random

def random_key_generator(client, count):
    """
    创建出指定数量的随机类型键。
    """
    for i in range(count):
        # 构建随机键名，如"Key:3325812056"
        key = "Key:{}".format(str(random())[2:12])
        # 生成一个随机数，并根据它的值创建对应类型的键
        t = randint(1, 6)
```

```
        if t == 1: client.set(key, "")
        elif t == 2: client.hset(key, "", "")
        elif t == 3: client.rpush(key, "")
        elif t == 4: client.sadd(key, "")
        elif t == 5: client.zadd(key, {"":0.0})
        elif t == 6: client.xadd(key, {"":""}, "*")
```

12.4　扩展实现：数据库采样程序

实现了数据库迭代器之后，就可以基于它来完成各式各样迭代数据库的工作了，其中一个常见的例子就是对数据库进行采样，分析各种不同类型的键在数据库中的占比。

代码清单 12-3 展示了一个使用数据库迭代器实现的迭代式数据库采样程序，它可以每次迭代指定数量的数据库键，并即时分析不同类型的键在已采样键中的占比。

代码清单 12-3　迭代式数据库采样程序 db_sampler.py

```
DEFAULT_COUNT = 10

from db_iterator import DbIterator

class DbSampler:

    def __init__(self, client, count=DEFAULT_COUNT):
        self.client = client
        self.count = count
        self.total = 0
        self.record = dict()
        self.iterator = DbIterator(self.client, count)

    def sample(self):
        """
        对数据库键进行采样。
        """
        keys = self.iterator.next()
        # 如果迭代已完成，那么直接返回
        if keys is None:
            return None

        # 根据迭代结果更新采样记录
        tx = self.client.pipeline()
        for key in keys:
            tx.type(key)
        types = tx.execute()
        for type in types:
            # 初始化键类型计数器
            if type not in self.record:
```

```
                self.record[type] = 0
            # 更新键类型计数器的值
            self.record[type] += 1
        # 更新总采样键数量
        self.total += len(keys)
        # 返回本次被采样的键数量
        return len(keys)

    def show_stats(self):
        """
        打印目前的采样结果。
        """
        print("Total {} key(s) sampled.".format(self.total))
        print("-"*25)
        for type in self.record:
            title = type.capitalize()
            number = self.record[type]
            percent = int(round(number/self.total,2)*100)
            print("{0} key(s): {1}, ~{2}% of total.".format(title, number, percent))
```

作为例子，下面这段代码展示了如何使用该程序对数据库进行采样：

```
>>> from redis import Redis
>>> from db_sampler import DbSampler
>>> client = Redis(decode_responses=True)
>>> sampler = DbSampler(client)
>>> sampler.show_stats()    # 未采样时的统计数据
Total 0 key(s) sampled.
-------------------------
>>> sampler.sample()    # 第一次采样
10
>>> sampler.show_stats()
Total 10 key(s) sampled.
-------------------------
List key(s): 1, ~10% of total.
Zset key(s): 4, ~40% of total.
String key(s): 1, ~10% of total.
Stream key(s): 1, ~10% of total.
Set key(s): 1, ~10% of total.
Hash key(s): 2, ~20% of total.
>>> sampler.sample()    # 第二次采样
3
>>> sampler.show_stats()
Total 13 key(s) sampled.
-------------------------
List key(s): 1, ~8% of total.
Zset key(s): 4, ~31% of total.
String key(s): 2, ~15% of total.
Stream key(s): 1, ~8% of total.
Set key(s): 1, ~8% of total.
```

```
Hash key(s): 4, ~31% of total.
```

从结果可以看到，程序分别对数据库进行了两次采样，而随着被采样键的增加，各个类型的键的比例不断地发生变化。

与单次执行的批量采样操作相比，迭代式采样的优点是它可以显著地减少采样操作对系统负载的影响。举个例子，当系统正在正常处理业务的时候，比起一次性对 100 万个数据库键进行采样，将同等数量的采样任务分散到 100 次或者 1000 次迭代的采样操作中执行可能会更合理一些。程序执行的采样任务越复杂，它就越应该以迭代的方式进行。

12.5 重点回顾

- 迭代器是一个非常重要的数据库特性，它可以让用户分批获取数据库中的数据，而不是一次性获取整个数据库的全部数据，因为后一种做法在数据量巨大的时候很容易造成服务器阻塞。
- 手动维护和更新 `SCAN` 命令迭代时产生的游标是非常容易出错的，为此可以用一个迭代器类 `DbIterator` 把 `SCAN` 命令封装起来，并在类的内部变量中记录和更新 `SCAN` 命令在迭代时产生的游标，这样就不必在每次迭代时手动记录和传入游标了。
- 如果一个程序需要访问数据库中的大部分数据，那么这种访问最好是以迭代方式进行，程序执行的任务越复杂就越应该如此。

第 13 章

流迭代器

虽然 Redis 提供了 SCAN、HSCAN、SSCAN 和 ZSCAN 命令来分别为数据库、散列、集合和有序集合提供迭代功能，但它并未为流数据结构提供对应的迭代命令。

幸运的是，通过 Redis 目前提供的 XREAD 命令或者 XRANGE 命令，可以模仿并实现与上述命令类似的流元素迭代器。

本章将介绍两种不同的流元素迭代器实现方法。

13.1 需求描述

以迭代方式访问流包含的元素。

13.2 解决方案：使用 XRANGE

要对流进行迭代，可以选用的一种方法是使用 XRANGE 命令，这个命令接受给定的 ID 区间参数并从流中获取该区间内的流元素。

具体来说，使用 XRANGE 命令对一个流进行一次完整的迭代需要完成以下步骤。

（1）在首次执行 XRANGE 命令时，使用特殊 ID，以-和+作为区间值，加上 COUNT N 参数，获取流的前 *n* 个元素。

（2）从上次 XRANGE 命令返回的结果中，找出最后一个元素的 ID 值 id，接着以(id 和+作为区间值，加上 COUNT N 参数，再次执行 XRANGE 命令，继续获取流中 ID 大于 id 的后 *n* 个元素。

（3）反复执行第 2 步，直到命令返回空值为止，返回空值代表迭代结束。

作为例子，现在来创建一个名为"stream"的流，流中共包含 5 个元素，其 ID 为 10086 至 10090：

```
redis> XADD "stream" 10086 "" ""
"10086-0"
redis> XADD "stream" 10087 "" ""
"10087-0"
redis> XADD "stream" 10088 "" ""
"10088-0"
redis> XADD "stream" 10089 "" ""
"10089-0"
redis> XADD "stream" 10090 "" ""
"10090-0"
```

为了以每两个元素一次的方式对这个流进行迭代，需要先执行以下命令，获取流的前两个元素：

```
redis> XRANGE "stream" - + COUNT 2
1) 1) "10086-0"
   2) 1) ""
      2) ""
2) 1) "10087-0"
   2) 1) ""
      2) ""
```

接着，为了进行下一次迭代，需要使用最后一个元素的 ID `10087`，并给它加上前缀`(`，然后再次执行 `XRANGE` 命令，以获取流中 ID 比 `10087` 大的后两个元素：

```
redis> XRANGE "stream" (10087 + COUNT 2
1) 1) "10088-0"
   2) 1) ""
      2) ""
2) 1) "10089-0"
   2) 1) ""
      2) ""
```

之后，再次以同样的方式执行 `XRANGE` 命令，查找 ID 比 `10089` 大的后两个元素：

```
redis> XRANGE "stream" (10089 + COUNT 2
1) 1) "10090-0"
   2) 1) ""
      2) ""
```

可以看到，这次 `XRANGE` 命令返回的元素比要求的要少，只有一个，说明迭代已经到达了流的末尾。

为了确认这一点，可以再次执行 `XRANGE` 命令，要求它返回 ID 大于 `10090` 的元素，这时命令将返回一个空列表，因为流中已经没有任何其他可迭代的元素了：

```
redis> XRANGE "stream" (10090 + COUNT 2
(empty array)
```

以上就是使用 `XRANGE` 命令迭代`"stream"`流的整个过程。

13.3 实现代码：使用 XRANGE 实现流迭代器

代码清单 13-1 展示了基于 13.2 节描述的使用 XRANGE 命令迭代流元素的方法实现的流迭代器。

代码清单 13-1 使用 XRANGE 命令实现的流迭代器 xrange_iterator.py

```
DEFAULT_COUNT = 10

START_OF_STREAM = "-"
END_OF_STREAM = "+"

def tuple_to_dict(tpl):
    """
    将流返回的元素从元组(id, msg)转换为字典{"id":id, "msg":msg}。
    """
    return {"id": tpl[0], "msg": tpl[1]}

class StreamIterator:

    def __init__(self, client, key, cursor=START_OF_STREAM):
        """
        初始化流迭代器，参数 key 用于指定被迭代的流。
        可选的 cursor 参数用于指定迭代的游标，默认为流的开头。
        """
        self.client = client
        self.key = key
        self._cursor = cursor

    def next(self,count=DEFAULT_COUNT):
        """
        迭代流元素并以列表形式返回它们，其中每个元素的格式为{"id":id, "msg":msg}。
        可选的 count 参数用于指定每次迭代能够返回的最大元素数量，默认为 10。
        """
        messages = self.client.xrange(self.key, self._cursor, END_OF_STREAM,
                count=count)
        if messages == []:
            return []
        else:
            # 获取本次迭代最后一条消息的 ID
            # 并通过给它加上前缀"("来保证下次迭代时新消息的 ID 必定大于它
            self._cursor = "(" + messages[-1][0]
            return list(map(tuple_to_dict, messages))

    def rewind(self, cursor=START_OF_STREAM):
        """
        将游标重置至可选参数 cursor 指定的位置，若省略该参数则默认重置至流的开头。
```

```
        """
        self._cursor = cursor
```

作为例子，下面这段代码展示了如何使用这个流迭代器来迭代上面提到的"stream"流：

```
>>> from redis import Redis
>>> from xrange_iterator import StreamIterator
>>> client = Redis(decode_responses=True)
>>> iterator = StreamIterator(client, "stream")
>>> iterator.next(2)  # 每次迭代最多两个元素
[{'id': '10086-0', 'msg': {'': ''}}, {'id': '10087-0', 'msg': {'': ''}}]
>>> iterator.next(2)
[{'id': '10088-0', 'msg': {'': ''}}, {'id': '10089-0', 'msg': {'': ''}}]
>>> iterator.next(2)
[{'id': '10090-0', 'msg': {'': ''}}]  # 迭代完毕
>>> iterator.next(2)
[]
```

使用流迭代器的 rewind()方法，还可以在需要的时候调整迭代器的游标并重新进行迭代：

```
>>> iterator.rewind()  # 将游标重新设置至流的开头
>>> iterator.next()  # 重新进行迭代
[{'id': '10086-0', 'msg': {'': ''}}, {'id': '10087-0', 'msg': {'': ''}},
 {'id': '10088-0', 'msg': {'': ''}}, {'id': '10089-0', 'msg': {'': ''}},
 {'id': '10090-0', 'msg': {'': ''}}]
```

13.4 解决方案：使用 XREAD

除了使用 XRANGE 命令，还可以使用 XREAD 命令对流进行迭代，并实现相应的迭代器。

使用 XREAD 命令迭代整个流的方法跟之前介绍的使用 XRANGE 命令迭代整个流的方法类似，需要完成以下步骤。

（1）使用 0 作为 XREAD 命令的起始 ID，配合 COUNT N 参数，获取流的前 *n* 个元素。

（2）从上次 XREAD 命令返回的结果中，找出最后一个元素的 ID 值 id，然后配合 COUNT N 参数，继续执行 XREAD 命令并获取流中 ID 大于 id 的后 *n* 个元素。

（3）反复执行第 2 步，直到命令返回空值为止，返回空值代表迭代结束。

作为例子，以下命令展示了使用 XREAD 命令迭代包含 5 个元素的"stream"流的方法，其中每次迭代最多返回 2 个元素：

```
redis> XREAD COUNT 2 STREAMS "stream" 0
1) 1) "stream"
   2) 1) 1) "10086-0"
         2) 1) ""
            2) ""
```

```
      2) 1) "10087-0"
         2) 1) ""
            2) ""
redis> XREAD COUNT 2 STREAMS "stream" 10087
1) 1) "stream"
   2) 1) 1) "10088-0"
         2) 1) ""
            2) ""
      2) 1) "10089-0"
         2) 1) ""
            2) ""
redis> XREAD COUNT 2 STREAMS "stream" 10089
1) 1) "stream"
   2) 1) 1) "10090-0"
         2) 1) ""
            2) ""
redis> XREAD COUNT 2 STREAMS "stream" 10090
(nil)
```

使用 XREAD 命令的一个好处是，它不仅可以像 XRANGE 命令那样迭代流中已有的元素，XREAD 还可以通过可选的阻塞功能来阻塞并等待新元素出现。

例如，在上面的"stream"流被迭代完毕之后，可以再次使用 10090 作为 ID 调用 XREAD 命令，然后传入 10000 作为 BLOCK 参数的值，这样 XREAD 命令就会阻塞并等待最长 10 s 的时间，直到在另一个客户端向"stream"流推入 ID 为 10091 的新元素为止：

```
redis> XREAD COUNT 2 BLOCK 10000 STREAMS "stream" 10090
1) 1) "stream"
   2) 1) 1) "10091-0"
         2) 1) ""
            2) ""
(4.24s)
```

从客户端返回的结果可以看到，XREAD 命令在等待 4.24 s 之后接收到了新出现的元素。

13.5 实现代码：使用 XREAD 实现流迭代器

代码清单 13-2 展示了基于 13.4 节介绍的使用 XREAD 命令迭代流的方法实现的流迭代器。

代码清单 13-2 使用 XREAD 命令实现的流迭代器 xread_iterator.py

```
DEFAULT_COUNT = 10
NON_BLOCK = None
START_OF_STREAM = 0
def tuple_to_dict(tpl):
```

```
        """
        将流返回的元素从元组(id, msg)转换为字典{"id":id, "msg":msg}。
        """
        return {"id": tpl[0], "msg": tpl[1]}

class StreamIterator:

    def __init__(self, client, key, cursor=START_OF_STREAM):
        """
        初始化流迭代器，参数 key 用于指定被迭代的流。
        可选的 cursor 参数用于指定迭代的游标，默认为流的开头。
        """
        self.client = client
        self.key = key
        self._cursor = cursor

    def next(self,count=DEFAULT_COUNT,block=NON_BLOCK):
        """
        迭代流元素并以列表形式返回它们，其中每个元素的格式为{"id":id, "msg":msg}。
        可选的 count 参数用于指定每次迭代能够返回的最大元素数量，默认为 10。
        可选的 block 参数用于指定迭代时阻塞的最长时限，单位为毫秒，默认非阻塞。
        """
        ret = self.client.xread({self.key: self._cursor}, count=count,
                block=block)
        if ret == []:
            return []
        else:
            messages = ret[0][1]
            self._cursor = messages[-1][0] # 本次迭代最后一条消息的 ID
            return list(map(tuple_to_dict, messages))

    def rewind(self, cursor=START_OF_STREAM):
        """
        将游标重置至可选参数 cursor 指定的位置，若省略该参数则默认重置至流的开头。
        """
        self._cursor = cursor
```

除支持可选的 block 参数之外，这个流迭代器的使用方式跟前一个流迭代器完全一样：

```
>>> from redis import Redis
>>> from xread_iterator import StreamIterator
>>> client = Redis(decode_responses=True)
>>> iterator = StreamIterator(client, "stream")
>>> iterator.next(3)  # 开始迭代
[{'id': '10086-0', 'msg': {'': ''}}, {'id': '10087-0', 'msg': {'': ''}},
 {'id': '10088-0', 'msg': {'': ''}}]
>>> iterator.next(3)
[{'id': '10089-0', 'msg': {'': ''}}, {'id': '10090-0', 'msg': {'': ''}},
 {'id': '10091-0', 'msg': {'': ''}}]
>>> iterator.next(3)  # 迭代完毕
```

```
[]
>>> iterator.next(3, block=10000)  # 阻塞并等待新元素
[{'id': '10092-0', 'msg': {'': ''}}]
```

13.6 重点回顾

- 虽然 Redis 提供了 SCAN、HSCAN、SSCAN 和 ZSCAN 命令来分别为数据库、散列、集合和有序集合提供迭代功能，但它并未为流数据结构提供对应的迭代命令。幸运的是，通过 Redis 目前提供的 XREAD 命令或者 XRANGE 命令，可以模仿并实现与上述命令类似的流元素迭代器。
- 使用 XREAD 命令和 XRANGE 命令实现流迭代器的关键，是要不断地获取命令上一次调用时获得的最后一个元素的 ID，然后使用该 ID 作为游标开始下一次迭代。
- 使用 XREAD 命令实现的流迭代器跟使用 XRANGE 命令实现的流迭代器使用起来别无二致，但前者可以阻塞并等待新元素出现，而后者则无法做到这一点。

第二部分

外部应用

外部应用部分介绍的实例都是一些日常常见的、用户可以直接接触到的应用，如直播弹幕、社交关系、排行榜、分页、地理位置等。通过学习如何使用 Redis 构建这些应用，读者将能够进一步地了解到 Redis 各个数据结构和命令的强大之处，还能够在实例应用已有功能的基础上，按需扩展出自己想要的其他功能。

第 14 章

消息队列

消息队列是一种非常重要的数据结构，它既可以用于内部组件，也可以用于外部应用：内部组件在使用消息队列时，通常将其用于各个内部组件之间的信息交换，如在系统的不同子系统中进行通信交流；外部应用在使用消息队列时，通常将其用作通信手段，例如，直播弹幕、即时聊天软件和即时在线聊天室这些应用的核心数据结构实际上就是消息队列。

总的来说，消息队列用途非常广泛，不仅可以用于计算机系统的信息交换，而且可以用于人类用户的信息交换。

在消息队列中，消息的格式往往会随着应用的不同而变化，因此它们通常会以键值对或者 JSON 等方式存储，然后通过唯一的 ID 对每条消息进行标识和引用。

14.1 需求描述

用 Redis 实现消息队列，并通过其提供发送消息、接收消息等服务。

14.2 解决方案

在较旧版本的 Redis 中，人们往往使用订阅与发布、列表或有序集合等方式实现消息队列，但这些实现基本上都有它们各自的缺点，如消息安全性无法保证、性能不佳或者功能不足等。对较新版本的 Redis 来说，使用流来实现消息队列才是最佳选择。

具体来说，对于每个消息队列，可以使用一个流作为其底层实现，其中向队列中添加新消息的工作可以通过执行 `XADD` 命令来完成，从队列中获取消息的工作可以通过 `XRANGE` 命令或 `XREAD` 命令来完成，而获取队列长度的工作则可以通过 `XLEN` 命令来完成。

例如，通过执行以下 `XADD` 命令，可以向键名为 `MessageQueue:10086` 的消息队列推入两条新消息：

```
redis> XADD MessageQueue:10086 * uid "Jack" msg "Hello!"
"1720785174751-0"
redis> XADD MessageQueue:10086 * uid "Tom" msg "Hi!"
"1720785196452-0"
```

接着，可以执行以下 XREAD 命令来读取这两条新消息：

```
redis> XREAD STREAMS MessageQueue:10086 0
1) 1) "MessageQueue:10086"
   2) 1) 1) "1720785174751-0"
         2) 1) "uid"
            2) "Jack"
            3) "msg"
            4) "Hello!"
      2) 1) "1720785196452-0"
         2) 1) "uid"
            2) "Tom"
            3) "msg"
            4) "Hi!"
```

或者执行以下 XRANGE 命令来读取带有指定 ID 的消息：

```
redis> XRANGE MessageQueue:10086 1720785174751-0 1720785174751-0
1) 1) "1720785174751-0"
   2) 1) "uid"
      2) "Jack"
      3) "msg"
      4) "Hello!"
```

最后，还可以执行以下 XLEN 命令获取整个消息队列包含的消息总数量：

```
redis> XLEN MessageQueue:10086
(integer) 2
```

如果需要，还可以在上述命令的基础上进一步扩展，给消息队列加上基于流消费者组实现的各种增强功能。

14.3 实现代码

代码清单 14-1 展示了基于 14.2 节所述解决方案实现的消息队列程序。

代码清单 14-1 消息队列程序 message_queue.py

```
from xread_iterator import StreamIterator, START_OF_STREAM

NON_BLOCK = None
BLOCK_FOREVER = 0

DEFAULT_COUNT = 10
```

```
START_OF_MQ = START_OF_STREAM

class MessageQueue:

    def __init__(self, client, key, cursor=START_OF_MQ):
        """
        根据给定的键，创建与之对应的消息队列。
        消息队列的起始访问位置可以通过可选参数 cursor 指定。
        默认情况下，cursor 指向消息队列的开头。
        """
        self.client = client
        self.key = key
        self._iterator = StreamIterator(self.client, self.key, cursor)

    def send(self, message):
        """
        接受一个键值对形式的消息作为参数，并将其放入队列。
        完成之后返回消息在队列中的 ID。
        """
        return self.client.xadd(self.key, message)

    def receive(self, count=DEFAULT_COUNT, timeout=NON_BLOCK):
        """
        根据消息的入队顺序，访问队列中的消息。
        可选的 count 参数用于指定每次访问最多能够获取多少条消息，默认为 10。
        可选的 timeout 参数用于指定方法在未发现消息时是否阻塞，它的值可以是：
        - NON_BLOCK，不阻塞直接返回，这是默认值；
        - BLOCK_FOREVER，一直阻塞直到有消息可读为止；
        - 一个大于零的整数，用于代表阻塞的最大毫秒数
        """
        return self._iterator.next(count, timeout)

    def get(self, message_id):
        """
        获取指定 ID 对应的消息。
        """
        ret = self.client.xrange(self.key, message_id, message_id)
        if ret != []:
            return ret[0][1]

    def length(self):
        """
        返回整个消息队列目前包含的消息总数量。
        """
        return self.client.xlen(self.key)
```

这个程序复用了第 13 章中使用 XREAD 命令实现的流迭代器。通过这个迭代器，程序成功地将原本非常复杂的消息接收操作简化为一次对 StreamIterator.next() 方法的

调用，这也是这个消息队列程序能够保持简练的关键。

作为例子，下面这段代码展示了上述消息队列程序的具体用法：

```
>>> from redis import Redis
>>> from message_queue import MessageQueue
>>> client = Redis(decode_responses=True)
>>> mq = MessageQueue(client, "MessageQueue:10086")  # 创建消息队列对象
>>> mq.send({"uid": "Jack", "msg": "Hello!"})  # 发送消息
'1720847899374-0'
>>> mq.send({"uid": "Tom", "msg": "Hi!"})
'1720847912318-0'
>>> mq.receive()  # 接收消息
[{'id': '1720847899374-0', 'msg': {'uid': 'Jack', 'msg': 'Hello!'}},
 {'id': '1720847912318-0', 'msg': {'uid': 'Tom', 'msg': 'Hi!'}}]
>>> mq.get("1720847899374-0")  # 获取特定消息
{'uid': 'Jack', 'msg': 'Hello!'}
>>> mq.length()  # 获取消息总数量
2
```

14.4　扩展实现：直播间弹幕系统

为了更好地展示消息队列的功能，代码清单 14-2 展示了一个使用消息队列实现的直播弹幕程序。这个程序可以让客户端通过执行 send() 方法发送普通弹幕或者付费弹幕，还可以通过执行 receive() 方法接收弹幕，或者直接通过执行 show() 方法不断地接收并打印弹幕。

代码清单 14-2　直播弹幕程序 chat.py

```
from message_queue import MessageQueue, DEFAULT_COUNT, BLOCK_FOREVER

def make_chat_key(broadcaster):
    """
    根据给定的主播 ID，构建出相应的消息队列键，用于存储直播间发出的弹幕。
    例子："Chat:Peter""Chat:10086"等。
    """
    return "Chat:{}".format(broadcaster)

class Chat:

    def __init__(self, client, broadcaster):
        """
        根据给定的主播 ID，为其构建存储直播间弹幕的消息队列。
        """
        self.client = client
        self.broadcaster = broadcaster
        self.key = make_chat_key(broadcaster)
```

```
        # 因为消息队列默认从队列开头开始返回元素，所以这里需要
        # 传入特殊值"$"作为 ID，让队列只返回阻塞之后出现的新消息
        self.mq = MessageQueue(self.client, self.key, "$")

    def send(self, uid, content, donate=0):
        """
        根据给定的用户 ID 和内容，向直播间发送一条弹幕。
        如果 donate 参数的值不为 0，那么说明这是一条付费弹幕（super chat）。
        """
        if donate == 0:
            msg = {"uid": uid, "content": content}
        else:
            msg = {"uid": uid, "content": content, "donate": donate}
        # 将弹幕发送至消息队列中
        return self.mq.send(msg)

    def receive(self, count=DEFAULT_COUNT):
        """
        从直播间接收并返回最多 count 条弹幕，默认为 10 条。
        如果上次调用之后还有未接收的弹幕存在，那么先接收已有的弹幕，再接收新出现的弹幕。
        """
        # 尝试从消息队列中取出弹幕
        # 若队列为空就一直阻塞直到有弹幕可弹出为止
        return self.mq.receive(count, BLOCK_FOREVER)

    def show(self):
        """
        简易的弹幕打印器。
        """
        while True:
            # 一直接收弹幕
            for item in self.receive():
                # 丢弃消息 ID，只获取消息本身
                msg = item["msg"]
                if "donate" not in msg:
                    # 打印普通弹幕
                    print("{0}: {1}".format(msg["uid"], msg["content"]))
                else:
                    # 打印付费弹幕
                    print("+"*10 + "SUPER CHAT" + "+"*10)
                    print("{0}: {1}".format(msg["uid"], msg["content"]))
                    print("Donate: {}".format(msg["donate"]))
                    print("-"*10 + "SUPER CHAT" + "-"*10)
```

实现这个直播弹幕程序的关键是要做到以下两点。

- 在调用 `Chat.__init__()` 方法创建 `Chat` 对象的时候，向底层的消息队列传入特殊 ID `$`，从而表示只接收最新出现的消息/弹幕。
- 在调用 `Chat.receive()` 方法接收弹幕的时候，将底层消息队列的接收模式设置

为 BLOCK_FOREVER。这样一来，Chat.receive()方法在被调用的时候，就会一直阻塞，直到有可供接收的新弹幕出现为止。

这确保了用户只会看到最新发送的弹幕，而消息队列中的旧弹幕会自动被忽略。

作为例子，下面这段代码展示了如何使用直播弹幕程序接收并打印弹幕：

```
>>> from redis import Redis
>>> from chat import Chat
>>> client = Redis(decode_responses=True)
>>> chat = Chat(client, "Peter")
>>> chat.show()
Jack: Hello, Peter!
Tom: Hello, Peter and Jack!
++++++++++SUPER CHAT++++++++++
Mary: Peter, thanks for your help yesterday!
Donate: 50
----------SUPER CHAT----------
```

可以看到，在这个属于 Peter 的直播间里，整个过程共出现了 3 条弹幕，其中前两条是分别来自 Jack 和 Tom 的普通弹幕，最后一条是来自 Mary 的价值 50 元的付费弹幕。

以下是与上述代码对应的，负责发送弹幕的代码：

```
>>> from redis import Redis
>>> from chat import Chat
>>> client = Redis(decode_responses=True)
>>> chat = Chat(client, "Peter")
>>> chat.send("Jack", "Hello, Peter!")
'1720532188953-0'
>>> chat.send("Tom", "Hello, Peter and Jack!")
'1720532204379-0'
>>> chat.send("Mary", "Peter, thanks for your help yesterday!", 50)
'1720532284213-0'
```

为了让这个直播弹幕程序保持简单，send()方法只接收用户 ID、消息正文和付费量 3 个参数。在实现真实的直播弹幕程序时，开发者可以根据自己的需求随时扩展这个方法的参数数量，或者直接将所有相关参数都放进一个字典里，这样就可以在一条弹幕中包含更多信息了。

最后，除可以用于实现直播间弹幕系统之外，消息队列同样可以用于实现在线即时聊天室，两者的原理是完全一样的。

14.5　重点回顾

- 消息队列不仅可以用于计算机系统的信息交换，而且可以用于人类用户的信息交换，其用途非常广泛。

- 在较旧版本的 Redis 中，人们往往使用订阅与发布、列表或有序集合等方式实现消息队列，但这些实现基本上都有它们各自的缺点，如消息安全性无法保证、性能不佳或者功能不足等。对较新版本的 Redis 来说，使用流来实现消息队列才是最佳选择。
- 对于每个消息队列，可以使用一个流作为其底层实现，其中向队列中添加新消息的工作可以通过执行 XADD 命令来完成，从队列中获取消息的工作可以通过 XRANGE 命令或 XREAD 命令来完成，而获取队列长度的工作则可以通过 XLEN 命令来完成。
- 除可以用于实现直播间弹幕系统之外，消息队列同样可以用于实现在线即时聊天室，两者的原理是完全一样的。

第15章 标签系统

很多用户生成内容（user-generated content，UGC）的网站和应用都允许用户为他们提供的内容打标签。举个例子，如果某个用户在视频网站上传了一个 Redis 相关的视频，那么他可能会给这个视频加上“Redis”“数据库”“NoSQL”等标签，以便搜索这些标签的用户可以发现这个视频，而系统也可以基于标签将视频推荐给对这些标签感兴趣的用户。

网店、商城同样会大量使用标签，通过给不同的产品打上不同的标签，以此来让用户基于特定标签快速筛选自己的目标产品。例如，一个热爱手机游戏的买家可能会更青睐带有“游戏手机”“性能强劲”“高清屏幕”等标签的手机，而一个打算给自己购买备用手机的买家则可能会更关注那些带有“性价比”“耐用”“超长待机”等标签的手机。

网络社区也会经常用到标签系统，很多社区都允许用户对他们自己或者别人发表的主题打标签，并基于标签对主题进行分类。例如，在一个讨论 Redis 的主题里，人们可能会为该主题打上“Redis”标签，而用户通过点击该标签就能够找到更多与 Redis 相关的主题，诸如此类。

15.1 需求描述

使用 Redis 创建一个标签系统，以便为系统中的内容打标签并进行分类。

15.2 解决方案

要使用 Redis 构建标签系统，需要用到 Redis 的集合数据结构。

首先，对于每一个被打标签的目标对象（后简称“目标”），需要用一个集合来存储该目标的所有标签。与列表相比，使用集合存储元素不仅不会出现重复，还具有支持快速增删元素、可以对元素执行集合运算等优点，因此集合毫无疑问地成为存储目标标签的最佳选择。

举个例子，如果想要给 Redis 数据库打上“Redis”“NoSQL”和“Database”这 3 个标签，那么只需要执行以下命令即可：

```
redis> SADD Tag:target:Redis "Redis" "NoSQL" "Database"
(integer) 3
```

之后只需执行以下命令，就可以随时获取 Redis 数据库这一目标的所有标签：

```
redis> SMEMBERS Tag:target:Redis
1) "Redis"
2) "NoSQL"
3) "Database"
```

另外，我们有时候不仅想要通过目标获取与之对应的所有标签，还想要通过标签获取与之对应的所有目标，因此，除了需要用集合存储目标的所有标签，还需要用集合存储与特定标签关联的所有目标。

例如，在执行上面展示的 SADD 命令给 Redis 数据库打上 3 个标签之后，还需要执行以下命令序列，将 Redis 数据库添加到这 3 个标签对应的目标集合中：

```
redis> SADD Tag:tag:Redis "Redis"
(integer) 1
redis> SADD Tag:tag:NoSQL "Redis"
(integer) 1
redis> SADD Tag:tag:Database "Redis"
(integer) 1
```

这样一来，不仅记录了目标与标签之间的关系，还记录了标签与目标之间的关系。有了后者，就可以随时根据标签找出与之对应的目标：

```
redis> SMEMBERS Tag:tag:Database
1) "Redis"
```

在此之上，还可以进一步扩展，基于集合运算找出同时带有多个标签的目标。例如，在给多个数据库都打上标签之后，就可以基于集合运算找出同时带有多个指定标签的数据库。

15.3　实现代码

代码清单 15-1 展示了基于 15.2 节所述解决方案实现的标签系统程序。

代码清单 15-1　标签系统程序 tag.py

```
def make_target_key(target):
    """
    目标的标签集合，用于记录目标关联的所有标签。
    """
    return "Tag:target:{}".format(target)
```

```
def make_tag_key(tag):
    """
    标签的目标集合，用于记录带有该标签的所有目标。
    """
    return "Tag:tag:{}".format(tag)

class Tag:

    def __init__(self, client):
        self.client = client

    def add(self, target, tags):
        """
        尝试为目标添加任意多个标签，并返回成功添加的标签数量。
        """
        tx = self.client.pipeline()
        # 将 target 添加至每个给定的 tag 对应的集合中
        for tag_key in map(make_tag_key, tags):
            tx.sadd(tag_key, target)
        # 将所有给定的 tag 添加至 target 对应的集合中
        target_key = make_target_key(target)
        tx.sadd(target_key, *tags)
        return tx.execute()[-1]  # 返回成功添加的标签数量

    def remove(self, target, tags):
        """
        尝试移除目标带有的任意多个标签，并返回成功移除的标签数量。
        """
        tx = self.client.pipeline()
        # 从每个给定的 tag 对应的集合中移除 target
        for tag_key in map(make_tag_key, tags):
            tx.srem(tag_key, target)
        # 从 target 对应的集合中移除所有给定的 tag
        target_key = make_target_key(target)
        tx.srem(target_key, *tags)
        return tx.execute()[-1]  # 返回成功移除的标签数量

    def get_tags_by_target(self, target):
        """
        获取目标的所有标签。
        """
        target_key = make_target_key(target)
        return self.client.smembers(target_key)

    def get_target_by_tags(self, tags):
        """
        根据给定的任意多个标签找出同时带有这些标签的目标。
        """
```

```
        # 找出所有给定的 tag 对应的集合，然后对它们执行交集运算
        tag_keys = map(make_tag_key, tags)
        return self.client.sinter(*tag_keys)
```

作为例子，下面这段代码展示了如何使用上述程序对 Redis、MongoDB 和 MySQL 这 3 个数据库添加标签，然后基于标签搜索对应的数据库：

```
>>> from redis import Redis
>>> from tag import Tag
>>> client = Redis(decode_responses=True)
>>> tag = Tag(client)
>>> tag.add("Redis", {"Redis", "NoSQL", "Database"})  # 为数据库添加标签
3
>>> tag.add("MongoDB", {"MongoDB", "NoSQL", "Database"})
3
>>> tag.add("MySQL", {"MySQL", "SQL", "Database"})
3
>>> tag.get_tags_by_target("Redis")  # 根据数据库查找标签
{'Redis', 'Database', 'NoSQL'}
>>> tag.get_target_by_tags({"NoSQL"})  # 根据标签查找数据库
{'Redis', 'MongoDB'}
>>> tag.get_target_by_tags({"Database"})
{'Redis', 'MongoDB', 'MySQL'}
>>> tag.get_target_by_tags({"Database", "SQL"})  # 根据多个标签查找数据库
{'MySQL'}
```

可以看到，标签程序不仅可以基于数据库查找与之对应的标签，还可以基于标签查找与之对应的数据库。例如，基于 Redis 数据库找出它对应的 3 个标签“Redis”“Database”“NoSQL”，或者基于标签“Database”和“NoSQL”找出同时带有这两个标签的数据库 MySQL。

15.4 扩展实现：为根据标签查找目标功能加上缓存

尽管 get_target_by_tags()方法使用起来非常简单，但它实际上执行的却是非常复杂的交集运算，计算涉及的集合数量越多，集合包含的元素数量越多，这个操作执行所需的时间也会越长。

为了解决这个问题，可以修改 get_target_by_tags()方法，为其加上缓存特性，具体修改有以下几处。

- 在计算给定标签集合的交集时，使用 SINTERSTORE 命令而不是 SINTER 命令，将计算结果保存到指定的键中用作缓存，而不是直接返回结果元素。
- 使用 EXPIRE 命令为缓存键设置过期时间，让缓存可以在指定的时限内持续生效，并在超过指定时限之后自动过期，从而强制更新缓存。

- get_target_by_tags()方法在每次执行的时候，都会先尝试从缓存中寻找结果，如果找到，则直接使用缓存中的结果，只在未找到的时候才会实际执行交集计算。

代码清单 15-2 展示了带缓存特性的 get_cached_target_by_tags()方法的具体实现。

代码清单 15-2　带缓存的根据标签查找目标方法 tag.py

```
CACHE_TTL = 60

def make_cached_targets_key(tags):
    """
    缓存多标签交集运算结果的集合。
    """
    # 使用 sorted 确保多个集合输入无论如何排列都会产生相同的缓存键
    return "Tag:cached_targets:{}".format(sorted(tags))

class Tag:

    def get_cached_target_by_tags(self, tags):
        """
        缓存版本的 get_target_by_tags()方法，结果最多每分钟刷新一次。
        """
        # 尝试直接从缓存中获取给定标签的交集结果
        cache_key = make_cached_targets_key(tags)
        cached_targets = self.client.smembers(cache_key)
        if cached_targets != set():
            return cached_targets  # 返回缓存结果

        # 缓存不存在
        # 先计算并存储交集，然后设置过期时间，最后再返回交集元素
        tx = self.client.pipeline()
        tx.sinterstore(cache_key, map(make_tag_key, tags))
        tx.expire(cache_key, CACHE_TTL)
        tx.smembers(cache_key)
        return tx.execute()[-1]  # 执行事务并返回交集元素
```

带缓存的 get_cached_target_by_tags()方法的用法跟无缓存版本完全一样，唯一的区别在于，在缓存更新之前，即使输入集合的元素发生变化，该方法返回的结果也不会变化：

```
>>> from redis import Redis
>>> from tag import Tag
>>> client = Redis(decode_responses=True)
>>> tag = Tag(client)
>>> tag.add("Redis", {"DB"})  # 有 3 个数据库带有 DB 标签
1
```

```
>>> tag.add("MySQL", {"DB"})
1
>>> tag.add("PostgreSQL", {"DB"})
1
>>> tag.get_cached_target_by_tags({"DB"})  # 生成并返回缓存
{'PostgreSQL', 'Redis', 'MySQL'}
>>> tag.add("MongoDB", {"DB"})  # 加入第四个带有 DB 标签的数据库
1
>>> tag.get_cached_target_by_tags({"DB"})  # 缓存未过期，复用已缓存结果
{'PostgreSQL', 'Redis', 'MySQL'}
>>> tag.get_cached_target_by_tags({"DB"})  # 缓存更新
{'PostgreSQL', 'Redis', 'MongoDB', 'MySQL'}
```

15.5 重点回顾

- 标签系统可以为系统中的内容打标签并进行分类，无论是用户生成内容网站，还是网店、商城和网络社区，都会大量地使用这一系统。
- 要实现标签系统，需要为带标签的每个目标创建一个集合，用于记录目标带有的所有标签；与此同时，还需要为每个标签创建一个集合，用于记录所有带有该标签的目标。
- 标签系统中根据多个标签查找目标的操作看上去简单，但实际上却涉及复杂的交集运算，因此可以为其设置缓存以复用运算结果并缩短操作的响应时间。

第 16 章 自动补全

自动补全经常出现在搜索引擎或者应用的搜索框中，例如，当我们在搜索引擎的搜索框中输入字母“re”的时候，搜索引擎就会通过自动补全提示我们是否要选择“reddit”“redis”“react”或者“reuters”等建议中的一个，而在输入“redis”的时候，搜索引擎则会提示“redis”“redisson”“redisinsight”或者“redis desktop manager”等建议以供选择。

16.1 需求描述

使用 Redis 实现自动补全程序，这个程序能够根据用户的输入提供可选的建议，从而帮助用户更快、更准确地完成输入过程。

16.2 解决方案

实现自动补全的关键是针对用户输入构建一系列建议表，表中包含建议项及其权重，各个建议项按权重从高到低排序，其中权重基于建议项的使用频率或者特定算法计算得出。

以本章开头的自动补全描述结果为例，对于输入“re”，系统应该构建出一个表 16-1 所示的自动补全建议表。

表 16-1 输入“re”对应的自动补全建议表

建议项	权重
reddit	100
redis	90
react	75
reuters	62
⋮	⋮

要在 Redis 存储建议表形式的数据，使用有序集合可谓再合适不过了，只要将建议项设置为有序集合成员并将权重设置为成员的分值即可。

此外，为了让自动补全程序能够对输入的每个片段都进行响应，程序必须为输入的每个片段都构建相应的建议表。例如，对于输入字符串"redis"，程序必须为字符串"r"、"re"、"red"、"redi"和"redis"分别构建建议表。

最后要考虑的就是如何确定建议项的权重了。一般来说，建议项的权重既可以定期基于算法进行更新，也可以根据用户的输入动态进行调整。一种特别简单的动态调整权重的方法就是直接统计用户输入每个单词的次数并将其用作权重。

以表 16-1 为例，在采用输入次数统计方法的情况下，单词“reddit”的权重 100 就是用户输入该单词 100 次的结果，而单词“redis”的权重 90 则是用户输入该单词 90 次的结果，以此类推。

为了在建议表中实现统计用户输入次数的效果，程序需要在用户每次输入一个单词的时候，在该单词对应的每个建议表中执行以下命令，将单词的统计次数加 1：

```
ZINCRBY <key> 1.0 <word>
```

举个例子，如果用户输入的是"redis"，那么程序就需要对"r"、"re"、"red"、"redi"和"redis"对应的建议表分别执行一次针对单词"redis"的权重加 1 操作，就像这样：

```
ZINCRBY AutoComplete:r 1.0 "redis"
ZINCRBY AutoComplete:re 1.0 "redis"
ZINCRBY AutoComplete:red 1.0 "redis"
ZINCRBY AutoComplete:redi 1.0 "redis"
ZINCRBY AutoComplete:redis 1.0 "redis"
```

与此对应，当程序想要根据用户的输入为其提供建议时，只需要执行 ZRANGE 命令返回相应建议表中的建议项即可。例如，当用户输入 re 的时候，程序只需要执行以下命令就可以为用户提供最多 10 个建议项：

```
ZRANGE AutoComplete:re 0 9 REV
```

注意，要返回建议表中权重最高的 10 个建议项，ZRANGE 命令需要用到 REV 选项，这是不可或缺的。

16.3　实现代码

代码清单 16-1 展示了基于 16.2 节所述解决方案实现的自动补全程序。

代码清单 16-1　自动补全程序 auto_complete.py

```
DEFAULT_WEIGHT = 1.0
DEFAULT_NUM = 10
```

```
def make_ac_key(subject, segment):
    """
    基于给定的主题和输入片段，构建保存建议项的建议表。
    """
    return "AutoComplete:{0}:{1}".format(subject, segment)

def create_segments(content):
    """
    根据输入的字符串为其构建片段。
    例子：对于输入"abc"，将构建输出["a", "ab", "abc"]
    """
    return [content[:i] for i in range(1, len(content)+1)]

class AutoComplete:

    def __init__(self, client, subject):
        self.client = client
        self.subject = subject

    def feed(self, content, weight=DEFAULT_WEIGHT):
        """
        根据输入内容构建自动补全建议表。
        可选的 weight 参数用于指定需要增加的输入权重。
        """
        tx = self.client.pipeline()
        # 将输入分解为片段，然后对其相应的建议表执行操作
        for seg in create_segments(content):
            # 构建建议表键名
            key = make_ac_key(self.subject, seg)
            # 更新输入在该表中的权重
            tx.zincrby(key, weight, content)
        tx.execute()

    def hint(self, segment, num=DEFAULT_NUM):
        """
        根据给定的片段返回指定数量的补全建议，各个建议项之间按权重从高到低排列。
        """
        # 构建建议表键名
        key = make_ac_key(self.subject, segment)
        # 获取补全建议
        return self.client.zrange(key, 0, num-1, desc=True)

    def set(self, content, weight):
        """
        为输入内容设置指定的权重。
        """
        tx = self.client.pipeline()
        for seg in create_segments(content):
            key = make_ac_key(self.subject, seg)
            # 直接设置权重
            tx.zadd(key, {content: weight})
        tx.execute()
```

因为一个应用中可能会有多个地方需要用到自动补全功能，所以这个程序使用了 subject 参数用来区分各种不同主题的自动补全建议表。在使用这个程序的时候，用户需要给定一个 subject 参数，然后程序就会根据该参数构建相应的键名，并将其用于构建自动补全建议表。

此外，这个程序还提供了 set() 方法，以便用户在需要的时候可以修改指定内容的权重，或者根据给定的权重创建建议表。

作为示例，下面这段代码展示了上述自动补全程序的具体用法：

```
>>> from redis import Redis
>>> from auto_complete import AutoComplete
>>> client = Redis(decode_responses=True)
>>> ac = AutoComplete(client, "search")
>>> for i in range(5):  # 模拟用户输入
...   ac.feed("banana")
...
>>> for i in range(2):
...   ac.feed("banquet")
...
>>> for i in range(3):
...   ac.feed("band")
...
>>> ac.hint("ban")  # 模拟用户获取建议
['banana', 'band', 'banquet']
```

这段代码通过多次调用 feed() 来模拟用户输入多个单词，其中"banana"输入了 5 次，"band"输入了 3 次，而"banquet"只输入了 2 次，所以在针对输入"ban"获取建议的时候，自动补完程序将按照输入次数从多到少分别获取上述 3 个单词作为建议项。

正如之前所说，除了根据用户输入生成建议表，还可以直接使用 set() 方法，基于给定的权重直接创建建议表：

```
>>> ac.set("reddit", 100)  # 为各个建议项分别设置权重
>>> ac.set("redis", 90)
>>> ac.set("react", 75)
>>> ac.set("reuters", 62)
>>> ac.hint("re")  # 获取建议
['reddit', 'redis', 'react', 'reuters']
```

set() 方法适用于基于算法定期更新建议表的场景，用户只需要根据算法计算出各个建议项的权重，然后定期更新相应的各个建议表即可。

16.4 扩展实现：自动移除冷门输入建议表

正如之前所说，自动补全程序可以根据用户输入动态构建对应的建议表。但随着用户

输入数量的增加，程序构建的大量建议表可能会产生非常大的内存开销。

为了解决这个问题，可以考虑增加一个排行榜，统计每个输入出现的次数，然后保留热门输入的建议表，删除冷门输入的建议表。不过有一个更好的方法可以达到类似的效果，而且不需要另外使用排行榜进行记录。

- 通过在 feed()方法内部的 ZINCRBY 调用之后增加一个 EXPIRE 调用，程序可以为每个输入对应的每个建议表设置过期时间。
- 随着输入不断出现，热门输入对应的建议表将被反复设置过期时间，而基于 EXPIRE 命令的默认行为，已经存在的过期时间会被新的过期时间覆盖，从而产生一种“续期”效果，使被设置的键可以一直存在。
- 这样做最终导致的结果是，热门输入所产生的建议表将一直存在，而少有人问津的冷门输入所产生的建议表将随着时间流逝自动被移除，这是一种非常巧妙的优化内存占用的方法。

举个例子，在采取上述措施时，对于输入"redis"，程序应该产生以下命令序列：

```
ZINCRBY AutoComplete:r 1.0 "redis"
EXPIRE  AutoComplete:r 300
ZINCRBY AutoComplete:re 1.0 "redis"
EXPIRE  AutoComplete:re 300
ZINCRBY AutoComplete:red 1.0 "redis"
EXPIRE  AutoComplete:red 300
ZINCRBY AutoComplete:redi 1.0 "redis"
EXPIRE  AutoComplete:redi 300
ZINCRBY AutoComplete:redis 1.0 "redis"
EXPIRE  AutoComplete:redis 300
```

在此之后，只要在接下来的 5 min 也就是 300 s 内，有至少一个用户输入了同样的单词“redis”，那么上述命令序列就会再执行一次，并将相关建议表的过期时间重新设置为 300 s；相反地，如果在 300 s 内没有任何人输入“redis”，那么上述命令相关的建议表就会自动被移除。

代码清单 16-2 展示了基于上述原理实现的带有自动移除冷门建议表特性的 feedex()方法的具体定义。

代码清单 16-2 feedex()方法 auto_complete.py

```
DEFAULT_WEIGHT = 1.0
DEFAULT_TTL = 300

class AutoComplete:

    def feedex(self, content, weight=DEFAULT_WEIGHT, ttl=DEFAULT_TTL):
        """
```

```
        根据输入内容构建自动补全建议表。
        可选的 weight 参数用于指定需要增加的输入权重。
        可选的 ttl 参数用于指定建议表的存活时间，默认为 300 s（5 min）。
        """
        tx = self.client.pipeline()
        for seg in create_segments(content):
            key = make_ac_key(self.subject, seg)
            tx.zincrby(key, weight, content)
            # 为建议表设置存活时间
            tx.expire(key, ttl)
        tx.execute()
```

正如下面这段代码所示，feedex()的使用方式与 feed()基本相同，它们之间的主要区别在于 feedex()创建的建议表必须持续地“续期”才会一直存在，否则它们就会随着键到期消失，从而导致建议结果也消失：

```
>>> from redis import Redis
>>> from auto_complete import AutoComplete
>>> client = Redis(decode_responses=True)
>>> ac = AutoComplete(client, "search")
>>> ac.feedex("redis", ttl=10)  # 建议表的存活时间为 10 s
>>> ac.hint("re")  # 10 s 内执行
['redis']
>>> ac.hint("re")  # 超过 10 s 之后执行
[]
```

16.5 重点回顾

- 自动补全程序能够根据用户的输入提供可选的建议，从而帮助用户更快、更准确地完成输入过程。
- 实现自动补全的关键是针对用户输入构建一系列建议表，而要在 Redis 存储建议表形式的数据，使用有序集合可谓再合适不过了，只要将建议项设置为有序集合成员并将权重设置为成员的分值即可。
- 一般来说，建议项的权重既可以定期基于算法进行更新，也可以根据用户的输入动态进行调整。一种特别简单的动态调整权重的方法就是直接统计用户输入每个单词的次数并将其用作权重。
- 根据用户输入自动创建建议表的做法将产生大量建议表，通过为这些建议表设置过期时间并利用 Redis 的过期时间更新机制，可以让热门输入的建议表一直存在，并让冷门输入的建议表自动被移除。

第 17 章 抽奖

抽奖程序经常会出现在各种日常场景中，例如：

- 越来越多的游戏和应用使用抽奖作为获取重要物品的手段，用户需要付费才能进行抽奖，这一机制往往会大幅地提高用户的付费率；
- 网购应用常常会在顾客购买特定商品或者完成购买之后，赠送抽奖机会作为回馈手段；
- 直播应用允许主播向观众发起抽奖活动以活跃直播间气氛，观众可以通过发送弹幕、赠送礼物等手段参与抽奖；
- 每逢元旦、春节、元宵、中秋等重要节假日，很多应用也会举办抽奖活动，向用户赠送礼品或者优惠券。

除了上述应用，有些底层的随机算法还需要用到抽奖程序提供的“从 n 个对象中随机选中 m 个对象”这一功能。

17.1 需求描述

使用 Redis 实现抽奖程序。

17.2 解决方案

实现抽奖程序的关键是维护一个不重复的参与者名单，然后在开奖时从名单中随机地选出指定数量的获奖者。为此，可以使用 Redis 集合作为抽奖名单的底层数据结构，集合可以高效地维持不重复的参与者名单、高效地增删参与者，然后使用 `SPOP` 命令或 `SRANDMEMBER` 命令随机地弹出或者获取获奖者。

举个例子，可以使用 `Lottery:10086` 集合记录一次抽奖活动的名单，并使用 `SADD`

命令向其添加包括 P1 至 P5 在内的 5 个参与者：

```
redis> SADD Lottery:10086 "P1" "P2" "P3" "P4" "P5"
(integer) 5
```

在此之后，可以使用 SRANDMEMBER 命令，从名单中随机地获取指定数量的参与者：

```
redis> SRANDMEMBER Lottery:10086 1
1) "P3"
redis> SRANDMEMBER Lottery:10086 3
1) "P1"
2) "P4"
3) "P5"
```

也可以使用 SPOP 命令，从名单中随机地弹出指定数量的参与者：

```
redis> SPOP Lottery:10086
"P2"
```

在需要的时候，还可以使用 SMEMBERS 命令获取参与者名单：

```
redis> SMEMBERS Lottery:10086
1) "P1"
2) "P3"
3) "P4"
4) "P5"
```

17.3 实现代码

代码清单 17-1 展示了基于 17.2 节所述解决方案实现的抽奖程序。

代码清单 17-1　抽奖程序 lottery.py

```
class Lottery:

    def __init__(self, client, key):
        self.client = client
        self.key = key

    def join(self, player):
        """
        将给定的参与者添加到抽奖活动的名单当中。
        添加成功时返回 True，若用户已在名单中则返回 False。
        """
        return self.client.sadd(self.key, player) == 1

    def draw(self, number, remove=False):
        """
        随机抽取指定数量的获奖者。
```

```
        当可选参数 remove 的值为 True 时，获奖者将从名单中移除。
        """
        if remove is True:
            return self.client.spop(self.key, number)
        else:
            return self.client.srandmember(self.key, number)

    def size(self):
        """
        返回参加抽奖活动的人数。
        """
        return self.client.scard(self.key)
```

正如代码所示，这个程序会使用 SADD 命令将抽奖参与者添加到名单中，然后使用 SPOP 或者 SRANDMEMBER 抽取获奖者，其中 SPOP 通常用于有多个中奖级别的抽奖，而 SRANDMEMBER 则用于“从 *n* 个参与者中抽取 *m* 个获奖者”的简单抽奖。

作为例子，下面这段代码展示了如何将 10 位参与者添加至抽奖名单，再从中抽取 3 位中奖者：

```
>>> from redis import Redis
>>> from lottery import Lottery
>>> client = Redis(decode_responses=True)
>>> lottery = Lottery(client, "lottery")
>>> for i in range(10):  # 添加 10 位参与者
...   lottery.join("Player{0}".format(i))
...
True
# ...
True
>>> lottery.draw(3)  # 选出 3 位中奖者
['Player1', 'Player6', 'Player8']
```

另外，下面这段代码展示了一种更复杂的情形——它会分别调用 3 次 remove 参数为 True 的 draw() 方法，抽出 3 位三等奖获得者、2 位二等奖获得者和 1 位一等奖获得者，并且在抽奖过程中把已经中奖的参与者剔除出名单，以免出现同一个参与者重复中奖的情况：

```
>>> lottery.draw(3, True)  # 三等奖获奖者名单
['Player3', 'Player6', 'Player8']
>>> lottery.draw(2, True)  # 二等奖获奖者名单
['Player2', 'Player9']
>>> lottery.draw(1, True)  # 一等奖获奖者名单
['Player7']
>>> lottery.size()  # 剩下未中奖的人数（集合剩余的元素数量）
5
```

17.4 重点回顾

- 抽奖是一种重要的鼓励消费和回馈用户的机制，它经常会出现在游戏、网购和直播等应用中。
- 实现抽奖程序的关键是维护一个不重复的参与者名单，然后在开奖时从名单中随机地选出指定数量的获奖者。
- 可以使用 Redis 集合作为抽奖名单的底层数据结构，集合可以高效地维持不重复的参与者名单、高效地增删参与者，然后使用 `SPOP` 命令或 `SRANDMEMBER` 命令随机地弹出或者获取获奖者。
- `SPOP` 通常用于有多个中奖级别的抽奖，而 `SRANDMEMBER` 则用于“从 n 个参与者中抽取 m 个获奖者”的简单抽奖。

第 18 章

社交关系

社交功能最初只出现在社交应用上，但现在已经成为所有网络社区的标配。在拥有这种功能的应用上，用户可以通过点击“关注”按钮来关注自己感兴趣的用户，从而成为他们的关注者。

除了关注功能，用户还可以随时查看自己正在关注的用户及其数量，还有正在关注自己的用户及其数量。在拥有这些基础功能之后，应用还可以基于算法进一步推出“好友的好友”和“你可能感兴趣的人”等进阶功能。

18.1 需求描述

使用 Redis 实现网络社区上常见的社交功能，包括“关注”“取消关注”“查看正在关注的人”“查看正在关注我的人”等。

18.2 解决方案

实现社交功能的关键是要为每个用户分别维护两个名单，一个是正在关注名单（following），而另一个是关注者名单（followers）。为此，需要为这两个名单分别创建 Redis 有序集合：

- 正在关注集合用于记录指定用户正在关注的人，该集合的元素为被关注用户的 ID，而分值则是他们被关注时的时间戳；
- 关注者集合用于记录正在关注指定用户的人，该集合的元素为关注者的 ID，而分值则是他们关注指定用户时的时间戳。

使用有序集合，就能够获得两个分别按关注时间和被关注时间排序的名单，并且可以在需要的时候快速判断某个用户是否存在于名单当中，这两点是使用 Redis 列表或者 Redis 集合无法实现的。

在拥有上述两个有序集合之后，在用户执行“关注”操作的时候，程序只需要分别对两个有序集合执行相应的操作：当用户 X 关注用户 Y 的时候，程序需要把用户 X 添加至用户 Y 的关注者名单中，并将用户 Y 添加至用户 X 的正在关注名单中。

与此相反，当用户对另一个用户执行“取消关注”操作时，程序需要分别对两个有序集合执行“关注”操作的反操作：当用户 X 取消对用户 Y 的关注的时候，程序需要从用户 Y 的关注者名单中移除用户 X，并从用户 X 的正在关注名单中移除用户 Y。

举个例子，当用户 X 关注用户 Y 的时候，社交关系程序需要执行以下命令序列：

```
ZADD Relation:X:following <timestamp> Y
ZADD Relation:Y:followers <timestamp> X
```

与此相对，当用户 X 取消对用户 Y 的关注的时候，社交关系程序需要执行以下命令序列：

```
ZREM Relation:X:following Y
ZREM Relation:Y:followers X
```

此外，通过检查用户 Y 是否存在于用户 X 的正在关注名单中，程序可以知道用户 X 是否正在关注用户 Y：

```
ZRANK Relation:X:following Y
```

而通过检查用户 Y 是否存在于用户 X 的关注者名单中，程序可以知道用户 Y 是否为用户 X 的关注者：

```
ZRANK Relation:X:followers Y
```

在此之上，程序还可以通过检查用户 X 和用户 Y 是否同时存在于对方的正在关注名单中来判断他们是否互相关注了：

```
ZRANK Relation:X:following Y
ZRANK Relation:Y:following X
```

18.3 实现代码

代码清单 18-1 展示了基于 18.2 节所述解决方案实现的社交关系程序。

代码清单 18-1 社交关系程序 relation.py

```
from time import time

def following_key(user):
    """
    正在关注名单，记录了指定用户当前正在关注的人。
    """
    return "Relation:{}:following".format(user)
```

```
def followers_key(user):
    """
    关注者名单，记录了当前正在关注指定用户的人。
    """
    return "Relation:{}:followers".format(user)

class Relation:

    def __init__(self, client, user):
        self.client = client
        self.user = user

    def follow(self, target):
        """
        尝试让指定用户关注目标用户。
        成功时返回 True，失败或者已关注时返回 False。
        """
        # 构建名单键名
        following_zset = following_key(self.user)
        followers_zset = followers_key(target)
        # 获取当前时间戳
        current_time = time()
        tx = self.client.pipeline()
        # 将目标用户添加至指定用户的正在关注名单中
        tx.zadd(following_zset, {target: current_time})
        # 将指定用户添加至目标用户的关注者名单中
        tx.zadd(followers_zset, {self.user: current_time})
        result = tx.execute()
        return result[0] == result[1] == 1  # 判断执行结果

    def unfollow(self, target):
        """
        尝试取消指定用户对目标用户的关注。
        成功时返回 True，取消失败或者尚未关注时返回 False。
        """
        # 构建名单键名
        following_zset = following_key(self.user)
        followers_zset = followers_key(target)
        tx = self.client.pipeline()
        # 从指定用户的正在关注名单中移除目标用户
        tx.zrem(following_zset, target)
        # 从目标用户的关注者名单中移除指定用户
        tx.zrem(followers_zset, self.user)
        result = tx.execute()
        return result[0] == result[1] == 1  # 判断执行结果

    def is_following(self, target):
        """
```

```
        检查指定用户是否正在关注目标用户，是的话返回 True，否则返回 False。
        """
        following_zset = following_key(self.user)
        # 如果结果不为空，表示目标用户存在于正在关注名单中
        return self.client.zrank(following_zset, target) is not None

    def is_following_by(self, target):
        """
        检查指定用户是否正在被目标用户关注，是的话返回 True，否则返回 False。
        """
        followers_zset = followers_key(self.user)
        # 如果结果不为空，表示目标用户存在于关注者名单中
        return self.client.zrank(followers_zset, target) is not None

    def is_following_each_other(self, target):
        """
        检查指定用户和目标用户是否互相关注，是的话返回 True，否则返回 False。
        """
        # 分别为指定用户和目标用户构建正在关注名单键
        user_following_zset = following_key(self.user)
        target_following_zset = following_key(target)
        # 分别从两个正在关注名单中查找对方是否存在
        tx = self.client.pipeline()
        tx.zrank(user_following_zset, target)
        tx.zrank(target_following_zset, self.user)
        result = tx.execute()
        # 若两个查找结果都非空，说明他们互相关注了彼此
        return result[0] is not None and result[1] is not None

    def following_count(self):
        """
        返回指定用户正在关注的人数。
        """
        following_zset = following_key(self.user)
        return self.client.zcard(following_zset)

    def followers_count(self):
        """
        返回指定用户的关注者人数。
        """
        followers_zset = followers_key(self.user)
        return self.client.zcard(followers_zset)
```

follow()方法和 unfollow()方法的行为与前面描述的一样，并且程序使用事务来保证操作的安全性。is_following()方法和 is_following_by()方法则根据目标用户是否存在于特定的有序集合中来判断指定用户是否关注目标用户和是否被目标用户关注。is_following_each_other 根据指定用户和目标用户是否存在于双方的正在关注集合中来判断两人是否互相关注。最后，通过获取两个有序集合的基数，程序可以知道指定用

户的关注数量和被关注数量。

作为示例，下面就通过一系列代码来展示上述社交关系程序的具体用法。首先，载入函数库，然后为用户 Peter 和 Jack 分别创建用户对象：

```
>>> from redis import Redis
>>> from relation import Relation
>>> client = Redis(decode_responses=True)
>>> peter = Relation(client, "Peter")
>>> jack = Relation(client, "Jack")
```

接着，通过执行以下方法调用，可以让 Peter 关注 Jack，并从 Peter 的角度来确认关注已经成功，再获取 Peter 当前的正在关注数量：

```
>>> peter.follow("Jack")
True
>>> peter.is_following("Jack")
True
>>> peter.following_count()
1
```

之后，还可以从 Jack 的角度来确认 Peter 已经成为他的关注者，并获取 Jack 当前的关注者数量：

```
>>> jack.is_following_by("Peter")
True
>>> jack.followers_count()
1
```

虽然现在 Peter 已经关注了 Jack，但是 Jack 并未关注 Peter，因此，如果这时检查他们双方是否互相关注，方法就会返回否定的结果：

```
>>> peter.is_following_each_other("Jack")
False
```

不过，只需要让 Jack 也关注 Peter，再执行相同的检查，方法就会返回肯定的结果：

```
>>> jack.follow("Peter")
True
>>> peter.is_following_each_other("Jack")
True
>>> jack.is_following_each_other("Peter")
True
```

18.4 重点回顾

- 实现社交功能的关键是要为每个用户分别维护两个名单，一个是正在关注名单，而另一个则是关注者名单。

- 正在关注集合用于记录指定用户正在关注的人，该集合的元素为被关注用户的ID，而分值则是他们被关注时的时间戳。
- 关注者集合用于记录正在关注指定用户的人，该集合的元素为关注者的ID，而分值则是他们关注指定用户时的时间戳。
- 除了记录正在关注名单和关注者名单，还可以通过检查指定用户是否存在于特定集合中来判断指定用户是否关注目标用户和是否被目标用户关注，或者指定用户和目标用户是否互相关注。

第 19 章

登录会话

登录会话功能在各种应用中非常常见。当用户想要执行一些需要权限的操作时，应用就会要求用户登录以验证身份，而用户在成功登录之后，应用就会为其生成一个会话令牌，并在服务器端和客户端分别保存这个令牌。

在此之后，每当用户执行需要权限的操作时，客户端就会向服务器发送会话令牌作为用户已登录的凭证，而服务器则通过验证这个令牌是否匹配来判断用户能否执行指定的操作，这样用户就不必反复登录以验证身份了。

19.1 需求描述

使用 Redis 实现登录会话功能，从而使用户可以在登录之后一直维持已登录状态，不必反复地验证身份。

19.2 解决方案

要实现登录会话功能，需要解决以下几个问题。

- 生成安全的随机数字或字符，将其用作会话令牌。
- 将用户和会话令牌关联起来，以便在需要的时候进行验证。
- 出于安全考虑，会话令牌需要定期更换，因此它必须在特定时间之后自动销毁，从而强制用户重新登录并生成新令牌。

首先，生成会话令牌的问题可以通过 Python 语言 `secrets` 函数库中的 `token_hex()` 函数来解决：

```
secrets.token_hex(nbytes=None)
```

这个函数可以返回指定长度的十六进制随机文本字符串，很适合作为会话令牌。为了保证安全，可以把令牌的长度设置为 64 字节，这对绝大部分应用来说已经足够了：

```
>>> import secrets
>>> secrets.token_hex(64)
'404a03f5ce...7e8a7'  # 出于阅读考虑，本章将只展示缩短后的令牌
>>> secrets.token_hex(64)
'ca68b06ec8...39250'
>>> secrets.token_hex(64)
'1f12731a6b...03c3a'
```

其次，关联用户和会话令牌的工作可以使用字符串键来完成，而自动销毁令牌的工作则可以通过为字符串键设置过期时间来完成。

举个例子，当程序要在 Redis 中关联用户 Peter 及其会话令牌时，它需要执行以下命令：

```
SET  "User:Peter:token"  "1f12731a6b...03c3a"  EX 2592000
```

其中"User:Peter:token"是程序为用户 Peter 构建的用于存储令牌的字符串键，而"1f12731a6b...03c3a"则是该用户的令牌，至于 2592000 则是令牌默认的过期时间（即 30 天对应的秒数）。

使用哈希键存储会话令牌

过去很长一段时间，Redis 只允许对单独的键设置过期时间，因此，如果想要存储会话令牌这样带过期时间的键值对数据，除使用字符串键之外别无他法。但是，从 Redis 7.4 版本开始，哈希键的字段也支持单独设置过期时间，因此本章展示的会话令牌同样可以存储在哈希键中。

本章继续使用字符串键存储会话令牌主要是为了独立地展示登录会话功能，当在开发实际的应用时，完全可以将用户的会话令牌以及其他相关数据存储在同一个哈希键中，然后通过单独为记录会话令牌的字段设置过期时间来达到相同的目的。

19.3 实现代码

代码清单 19-1 展示了基于 19.2 节所述解决方案实现的会话程序。

代码清单 19-1 会话程序 session.py

```
import random
import secrets

# 会话的默认过期时间
DEFAULT_TIMEOUT = 60*60*24*30  # 30 天
```

```
# 会话令牌的字节长度
TOKEN_LENGTH = 64

# 会话状态
SESSION_TOKEN_NOT_EXISTS = "TOKEN_NOT_EXISTS"
SESSION_TOKEN_CORRECT = "TOKEN_CORRECT"
SESSION_TOKEN_INCORRECT = "TOKEN_INCORRECT"

def make_token_key(uid):
    return "User:{}:token".format(uid)

class Session:

    def __init__(self, client, uid):
        """
        为给定的用户创建会话对象。
        """
        self.client = client
        self.uid = uid

    def create(self, timeout=DEFAULT_TIMEOUT):
        """
        为给定用户生成会话令牌。
        可选的 timeout 参数用于指定令牌的过期时限秒数，默认为 30 天。
        """
        # 生成令牌
        token = secrets.token_hex(TOKEN_LENGTH)
        # 指定存储令牌的字符串键
        token_key = make_token_key(self.uid)
        # 为用户关联令牌并为其设置过期时间
        self.client.set(token_key, token, ex=timeout)
        # 返回令牌
        return token

    def validate(self, input_token):
        """
        检查给定令牌是否与用户的会话令牌匹配，其结果可以是：
        - SESSION_TOKEN_NOT_EXISTS，令牌不存在或已过期；
        - SESSION_TOKEN_CORRECT，令牌正确；
        - SESSION_TOKEN_INCORRECT，令牌不正确。
        """
        # 构建令牌键并尝试获取令牌
        token_key = make_token_key(self.uid)
        user_token = self.client.get(token_key)
        # 根据令牌的值决定返回何种状态
        if user_token is None:
            return SESSION_TOKEN_NOT_EXISTS
        elif user_token == input_token:
            return SESSION_TOKEN_CORRECT
```

```
        else:
            return SESSION_TOKEN_INCORRECT

    def destroy(self):
        """
        销毁用户的会话令牌。
        """
        # 找出令牌对应的键，然后删除它
        token_key = make_token_key(self.uid)
        self.client.delete(token_key)
```

作为例子，下面这段代码展示了如何使用上述会话程序创建会话、验证会话和销毁会话的整个过程：

```
>>> from redis import Redis
>>> from session import Session
>>> client = Redis(decode_responses=True)
>>> session = Session(client, "Peter")
>>> token = session.create()  # 创建令牌
>>> token  # 查看令牌（已缩短）
'6670886e05...1f73e'
>>> session.validate(token)  # 使用正确令牌验证
'TOKEN_CORRECT'
>>> session.validate("WRONG TOKEN")  # 使用错误令牌验证
'TOKEN_INCORRECT'
>>> session.destroy()  # 销毁令牌
>>> session.validate(token)  # 令牌已被销毁
'TOKEN_NOT_EXISTS'
```

19.4 重点回顾

- 登录会话用于记录用户的已登录信息，这样用户就可以一直维持已登录的状态，无须反复登录。
- 实现登录会话的关键在于解决几个问题：（1）生成安全、随机的会话令牌；（2）关联用户和会话令牌，以便在需要的时候进行验证；（3）定期销毁并更新会话令牌，保证安全性。
- 得益于 Redis 7.4 新增的对哈希键的字段单独设置过期时间的支持，会话令牌现在既可以单独存储在字符串键中，也可以跟其他相关数据一起存储在同一个哈希键中。

第 20 章 短网址生成器

短网址生成器可以把诸如 www.ptpress.com.cn/shopping/index 这样较长的网址缩短为诸如 www.ptpress.com.cn/6LB4i 这样的短网址。

短网址最常见的应用场景是在社交媒体中，因为这些平台常常会限制用户发言的字数，将长网址缩短为短网址可以给用户留下更多空间用于发言。此外，很多商业公司出于美观或方便记忆的原因，也会为旗下的网站提供统一格式的短网址链接。

20.1 需求描述

使用 Redis 实现一个短网址生成器，以便将普通的网络链接转换为长度较短的短网址链接。

20.2 解决方案

对于每个输入的网络链接（原网址），为其创建短网址需要解决两个问题：一是为原网址创建一个短网址 ID；二是在一个映射中将短网址 ID 和原网址关联起来，以便之后可以根据短网址 ID 找到相应的原网址。

创建短网址 ID 最常见的做法就是首先生成一个十进制数字 ID，接着将其转换为更高进制的数字，然后使用高进制数字作为短网址 ID。

具体到实现上，生成十进制数字 ID 的工作可以通过对指定的计数器键执行 `INCR` 命令来完成，而转换工作则通过代码清单 20-1 所示的 `base62` 函数来完成：它可以将数字从十进制转换为六十二进制，这种进制的数字将包含字符 `0~9`、`a~z` 和 `A~Z`。

代码清单 20-1　base62 函数 base62.py

```
import string

BASE = 62
```

```
CHARSET = string.digits + string.ascii_letters  # 0..9a..zA..Z

def base62(number):
    """
    将输入整数从十进制转换为六十二进制。
    """
    # 如果输入值为 0 则直接返回'0'
    if number == 0: return CHARSET[0]

    result = ""
    while number != 0:
        number, i = divmod(number, BASE)
        result = (CHARSET[i]+result)
    return result
```

通过下面的示例代码可以看到，即使对于 10 亿甚至 1000 亿这样巨大的十进制数，base62 也可以将其转换为相对较短的六十二进制数：

```
>>> from base62 import base62
>>> base62(1000000)  # 100 万
'4c92'
>>> base62(10000000)  # 1000 万
'FXsk'
>>> base62(1000000000)  # 10 亿
'15FTGg'
>>> base62(100000000000)  # 1000 亿
'1L9zO9O'
```

base62 的性质保证了，即使需要处理的网址数量巨大，它创建出的短网址 ID 也还是非常简短的。

创建出短网址 ID 之后，程序还需要在一个映射中将短网址 ID 和原网址关联起来，这样之后才能够高效地根据短网址 ID 来查找被缩短前的原网址。表 20-1 模拟展示了这种短网址 ID 与原网址之间的映射。

表 20-1　短网址 ID 与原网址之间的映射

键（短网址 ID）	值（原网址）
2vJWRv	www.gd.gov.cn
1ndCm	www.beijing.gov.cn
8BZ98Qm	www.zj.gov.cn
8JDsxV	www.fujian.gov.cn

在这个映射中，短网址 ID 作为键被映射到了作为值的原网址上。例如，2vJWRv 就被映射到了 www.gd.gov.cn 上。这样一来，当用户向短网址生成器输入 2vJWRv 以查找原网

址的时候，程序将返回 www.gd.gov.cn，而如果用户输入的是 8BZ98Qm，那么程序返回的将是 www.zj.gov.cn。

要在 Redis 中创建同样的映射，程序需要用到 Redis 的哈希键：短网址生成器每接收一个需要缩短的网址输入，就为它创建一个十进制数字 ID，接着将其转换为六十二进制数字，也就是短网址 ID，然后使用 HSET 命令在哈希键中把短网址 ID 与原网址关联起来，最后再向用户返回刚刚生成的短网址 ID。

与此相对，当某个短网址被访问，或者用户向短网址生成器输入一个短网址 ID 要求还原的时候，程序将使用 HGET 命令从哈希键中找出并返回短网址 ID 对应的原网址。

20.3 实现代码

代码清单 20-2 展示了基于 20.2 节所述解决方案实现的短网址生成器。

代码清单 20-2 短网址生成器 url_shorty.py

```
from base62 import base62

URL_ID_COUNTER = "UrlShorty:id_counter"
URL_MAPPING_HASH = "UrlShorty:mapping_hash"

class UrlShorty:

    def __init__(self, client):
        self.client = client

    def shorten(self, url):
        """
        为给定的网址创建并记录一个对应的短网址 ID，然后将其返回。
        """
        # 生成十进制数字 ID
        origin_id = self.client.incr(URL_ID_COUNTER)
        # 将十进制数字转换为六十二进制数字 ID（短网址 ID）
        short_id = base62(origin_id)
        # 在映射中将短网址 ID 和原网址关联起来
        self.client.hset(URL_MAPPING_HASH, short_id, url)
        # 返回短网址 ID
        return short_id

    def restore(self, short_id):
        """
        根据给定的短网址 ID 找出与之对应的原网址。
        返回 None 则表示给定的短网址 ID 不存在。
        """
```

```
        # 根据短网址 ID 从映射中找出并返回与之对应的原网址
        return self.client.hget(URL_MAPPING_HASH, short_id)
```

作为例子，下面这段代码展示了上述短网址生成器的具体用法，包括如何创建短网址 ID 以及如何根据短网址 ID 还原原网址：

```
>>> from redis import Redis
>>> from url_shorty import UrlShorty
>>> client = Redis(decode_responses=True)
>>> shorty = UrlShorty(client)
>>> shorty.shorten("www.beijing.gov.cn")  # 缩短
'1'
>>> shorty.shorten("www.gd.gov.cn")
'2'
>>> shorty.restore('1')  # 还原
' www.beijing.gov.cn'
>>> shorty.restore('2')
' www.gd.gov.cn'
```

因为这个短网址程序现在只处理了两个网址，所以它返回的短网址 ID 都非常简单。当程序运行了一段时间，处理了更多网址之后，它返回的短网址 ID 就会更像我们平时在网上看到的短网址 ID：

```
>>> shorty.shorten("www.ptpress.com.cn/shopping/index")
'6LB4i'
>>> shorty.restore("6LB4i")
'www.ptpress.com.cn/shopping/index'
```

20.4　扩展实现：为短网址生成器加上缓存

20.3 节中给出的短网址生成器有一个较为明显的缺陷——即使输入的网址完全相同，它也会不断地生成新的短网址 ID：

```
>>> shorty.shorten("www.epubit.com")
'1'
>>> shorty.shorten("www.epubit.com")
'2'
>>> shorty.shorten("www.epubit.com")
'3'
```

对于一些热门网址，用户可能会重复输入它们多次，而反复地为相同的网址生成短网址 ID 不仅浪费计算资源，还会极大地浪费宝贵的内存存储空间。

为了解决这个问题，可以对短网址生成器做以下修改。

- 增加一个 Redis 哈希键作为缓存，用于记录原网址和短网址 ID 之间的映射，其中原网址为键，短网址 ID 为值。

- 让程序在每次接收到网址输入的时候，先使用 HGET 在缓存中查找与输入网址对应的短网址 ID，如果找到则直接返回，如果未找到则为其创建新的短网址 ID。
- 每次创建新的短网址 ID 之后，使用 HSET 在缓存中建立原网址和短网址的映射，以便之后在遇到相同的网址输入时直接返回已缓存的结果。

代码清单 20-3 展示了带缓存功能的短网址 ID 生成程序的具体实现。

代码清单 20-3 带缓存功能的短网址生成器 url_shorty_with_cache.py

```
from url_shorty import UrlShorty

URL_MAPPING_CACHE = "UrlShorty:mapping_cache"

class UrlShortyWithCache(UrlShorty):

    def shorten(self, url):
        """
        为给定的网址创建并记录一个对应的短网址 ID，然后将其返回。
        如果该网址之前已经创建过相应的短网址 ID，那么直接返回之前创建的 ID。
        """
        # 尝试在缓存中寻找与原网址对应的短网址 ID
        # 如果找到就直接返回已有的短网址 ID，无须重新生成
        cached_short_id = self.client.hget(URL_MAPPING_CACHE, url)
        if cached_short_id is not None:
            return cached_short_id

        # 原网址尚未创建过短网址 ID
        # 调用父类的 shorten()方法，为原网址创建短网址 ID
        short_id = super().shorten(url)
        # 在缓存映射中关联原网址和短网址 ID
        self.client.hset(URL_MAPPING_CACHE, url, short_id)
        # 返回短网址 ID
        return short_id
```

UrlShortyWithCache 类继承了前面展示的 UrlShorty 类，并对类中的 shorten() 方法进行了覆写。新的短网址生成器在处理相同的原网址输入时将返回同一个短网址 ID：

```
>>> from redis import Redis
>>> from url_shorty_with_cache import UrlShortyWithCache
>>> client = Redis(decode_responses=True)
>>> shorty = UrlShortyWithCache(client)
>>> shorty.shorten("www.epubit.com")  # 相同网址
'1'
>>> shorty.shorten("www.epubit.com")
'1'
>>> shorty.shorten("www.epubit.com")
'1'
>>> shorty.shorten("www.ptpress.com.cn")  # 不同网址
'2'
```

表 20-2 展示了这段代码在 Redis 中创建的缓存哈希键的键和值。

表 20-2　短网址生成器的缓存哈希键

键（原网址）	值（短网址 ID）
www.epubit.com	1
www.ptpress.com.cn	2

20.5　重点回顾

- 短网址生成器可以将普通的网址缩短为长度较短的短网址，短网址通常用于在社交平台为用户留下更多发言空间，或者在商业场景中为网站提供统一、美观的网址链接。
- 将普通网址缩短为短网址的工作可以通过 3 个步骤来完成：（1）创建一个十进制数字 ID；（2）将数字 ID 从十进制转换成更高进制，如六十二进制，然后将其用作短网址 ID；（3）在映射中将短网址 ID 和原网址关联起来，这样之后就可以根据短网址 ID 查找与之对应的原网址了。
- 短网址生成器还可以再添加一个原网址和短网址 ID 之间的映射作为缓存，并在每次接收到原网址输入的时候，先在缓存中查找原网址是否已经有对应的短网址 ID，如果有则直接返回已有的短网址 ID，没有才执行实际的短网址 ID 生成操作，从而避免重复为相同的原网址创建短网址 ID。

第21章 投票

带有“支持”和“反对”两个选项的投票功能在互联网上无处不在，它是当今最常用的收集用户反馈的方式之一，被用在大量应用和网站上。例如：

- 抖音、哔哩哔哩等视频网站允许用户通过“点赞”支持自己喜欢的视频，视频被赞数量越多它的权重就越高，推荐系统就会把它推荐给更多用户观看。
- StackOverflow、知乎这类知识分享网站允许用户通过点击“赞同”或者“反对”来支持或者反对特定的主题或回复，获赞数量较多的主题将被推荐给更多用户观看，并在分类页面或主页上重点展示。
- Reddit、Hacker News 等社交型新闻网站允许用户通过点击“赞同”或者“反对”来点评特定新闻的质量，一条新闻被赞的数量越多，它就会出现在主页或者分类页面越靠前的位置，从而让更多人看到。
- 很多公司都会在他们的帮助文档页面加上基于投票功能的评分系统，允许浏览者通过点击“有用”或者“没有用”来为文档评分，从而发现和改进质量较低的文档。

类似的例子还有很多。

21.1 需求描述

使用 Redis 实现一个投票程序，它可以对特定的主题投“支持”或“反对”票、获取投票者名单及其数量，或者在必要的时候取消投票。

21.2 解决方案

为了实现基于特定主题的投票功能，需要为每个主题分别维护两份名单：一份用于记录所有投支持票的用户，而另一份则用于记录所有投反对票的用户。

因为投票功能基本不需要记录用户的投票时间和先后顺序，所以使用 Redis 集合作为投票名单的底层结构即可。之后，只需要根据用户的投票情况，将用户 ID 添加到相应的名单集合中即可。

一个需要注意的细节是，为了防止多次和重复投票，必须检查两种情况：

- 每个用户最多只能投一票，无论他执行多少次投票操作，最终都只计算一票；
- 每个用户要么投支持票，要么投反对票，但是不能同时投两种票。

为了避免出现这两种情况，可以在每次执行投票操作之前检查两份投票名单，但除此之外还有一种更简单直接的方法：

- 在投支持票的时候，用事务包裹一个 SADD 命令和一个 SREM 命令，前者用于将用户 ID 添加到支持票名单中，而后者则用于从反对票名单中移除用户 ID；
- 在投反对票的时候，用事务包裹一个 SADD 命令和一个 SREM 命令，前者用于将用户 ID 添加到反对票名单中，而后者则用于从支持票名单中移除用户 ID。

这样一来，即使不对名单进行检查，程序也可以保证同一个用户 ID 最多只会出现在其中一个名单中，而得益于集合的无重复元素特性，程序可以保证每个用户的投票只会被计数一次。

举个例子，当用户 Peter 对主题 Topic:10086 投下支持票的时候，程序应该执行以下命令序列：

```
redis> MULTI
OK
redis(TX)> SADD Vote:Topic:10086:up "Peter"
QUEUED
redis(TX)> SREM Vote:Topic:10086:down "Peter"
QUEUED
redis(TX)> EXEC
1) (integer) 1
2) (integer) 0
```

相对地，当用户 Jack 对主题 Topic:10086 投下反对票的时候，程序应该执行以下命令：

```
redis> MULTI
OK
redis(TX)> SREM Vote:Topic:10086:up "Jack"
QUEUED
redis(TX)> SADD Vote:Topic:10086:down "Jack"
QUEUED
redis(TX)> EXEC
1) (integer) 0
2) (integer) 1
```

在此之后，可以通过检查给定用户是否存在于特定集合来判断他是否已投票，以及是投了支持票还是反对票：

```
redis> SISMEMBER Vote:Topic:10086:up "Peter"
(integer) 1
redis> SISMEMBER Vote:Topic:10086:down "Peter"
(integer) 0
```

或者通过检查相应集合的成员数量来统计已投票用户的数量：

```
redis> SCARD Vote:Topic:10086:up
(integer) 1
redis> SCARD Vote:Topic:10086:down
(integer) 1
```

21.3 实现代码

代码清单 21-1 展示了基于 21.2 节所述解决方案实现的投票程序。

代码清单 21-1 投票程序 vote.py

```
def vote_up_key(subject):
    """
    记录投支持票用户的集合。
    """
    return "Vote:{}:up".format(subject)

def vote_down_key(subject):
    """
    记录投反对票用户的集合。
    """
    return "Vote:{}:down".format(subject)

class Vote:

    def __init__(self, client, subject):
        self.client = client
        self.vote_up_set = vote_up_key(subject)
        self.vote_down_set = vote_down_key(subject)

    def up(self, user):
        """
        用户尝试投下支持票。
        返回 True 表示投票成功，返回 False 表示投票失败。
        """
        tx = self.client.pipeline()
        tx.sadd(self.vote_up_set, user)
        tx.srem(self.vote_down_set, user)  # 移除可能存在的反对票
        sadd_result, _ = tx.execute()
```

```
        return sadd_result == 1

    def down(self, user):
        """
        用户尝试投下反对票。
        返回 True 表示投票成功，返回 False 表示投票失败。
        """
        tx = self.client.pipeline()
        tx.sadd(self.vote_down_set, user)
        tx.srem(self.vote_up_set, user)  # 移除可能存在的支持票
        sadd_result, _ = tx.execute()
        return sadd_result == 1

    def is_voted(self, user):
        """
        检查用户是否已投票。
        返回 True 表示已投票，返回 False 则表示未投票。
        """
        tx = self.client.pipeline()
        tx.sismember(self.vote_up_set, user)
        tx.sismember(self.vote_down_set, user)
        is_up_voted, is_down_voted = tx.execute()
        return is_up_voted or is_down_voted

    def unvote(self, user):
        """
        取消用户的投票。
        若取消成功则返回 True，返回 False 则表示用户尚未投票。
        """
        tx = self.client.pipeline()
        tx.srem(self.vote_up_set, user)
        tx.srem(self.vote_down_set, user)
        unvote_up, unvote_down = tx.execute()
        return unvote_up == 1 or unvote_down == 1

    def up_count(self):
        """
        返回目前投支持票的用户数量。
        """
        return self.client.scard(self.vote_up_set)

    def down_count(self):
        """
        返回目前投反对票的用户数量。
        """
        return self.client.scard(self.vote_down_set)

    def total(self):
        """
```

```
        返回目前参与投票的用户总数。
        """
        tx = self.client.pipeline()
        tx.scard(self.vote_up_set)
        tx.scard(self.vote_down_set)
        up_count, down_count = tx.execute()
        return up_count + down_count
```

作为例子，下面这段代码展示了如何使用投票程序模拟多个用户对某个主题帖子的投票情况：

```
>>> from redis import Redis
>>> from vote import Vote
>>> client = Redis(decode_responses=True)
>>> vote = Vote(client, "Topic:10086")
>>> vote.up("Peter")  # 投支持票
True
>>> vote.up("Jack")
True
>>> vote.up("Mary")
True
>>> vote.down("Tom")  # 投反对票
True
>>> vote.up_count(); vote.down_count()  # 统计双方票数
3
1
>>> vote.down("Peter")  # 改投反对票
True
>>> vote.up_count(); vote.down_count()  # 统计双方票数
2
2
```

21.4 重点回顾

- 带有“支持”和“反对”两个选项的投票功能在互联网上无处不在，它是当今最常用的收集用户反馈的方式之一，被用在大量应用和网站上。
- 为了实现基于特定主题的投票功能，需要为每个主题分别维护两份名单：一份用于记录所有投支持票的用户，而另一份则用于记录所有投反对票的用户。因为投票功能基本不需要记录用户的投票时间和先后顺序，所以使用 Redis 集合作为投票名单的底层结构即可。
- 为了避免出现重复投票，可以在投票之前进行检查，或者在投票的同时移除可能存在的反向票。例如，在投支持票的同时移除可能存在的反对票，或者在投反对票的同时移除可能存在的支持票。与此同时，得益于集合的无重复元素特性，针对同一选项的重复计票将不会出现。

第 22 章 排行榜

排行榜经常出现在各式各样的应用中，以便展示与应用相关的热门资源：视频应用使用排行榜展示最受欢迎的视频、剧集、人物，音乐应用使用排行榜展示最流行的歌曲和歌手，新闻应用使用排行榜展示最受关注的新闻事件，健身应用使用排行榜展示当日最积极参与锻炼的用户，诸如此类。

除了外部展示，排行榜还可以内部使用。也就是说，用户社区可以通过内部的排行榜识别最受关注的用户、最多人访问的页面和最经常被访问的资源等，然后实施数据分析从而进一步构建更受人欢迎的社区。类似的分析还可以应用到各式各样与数据相关的内部设施中。

22.1 需求描述

使用 Redis 构建排行榜，以此来展示应用中各项资源的相关排名和趋势。

22.2 解决方案

在 Redis 中实现排行榜最直接的方法就是使用 Redis 的有序集合。对于每个排行榜，程序需要把被排名的元素设置为有序集合的集合成员，并将被排名元素的权重设置为集合成员的分值。

举个例子，假设我们正在构建一个数据库热度排行榜，其中 4 种数据库的名称和热度如表 22-1 所示。

表 22-1　由 4 种数据库的名称及其热度组成的数据库排行榜

数据库	热度
MySQL	1101

续表

数据库	热度
PostgreSQL	634
Redis	157
SQLite	118

那么程序要做的就是使用 ZADD 把这些数据库和它们的热度添加到有序集合中，并在需要的时候，使用 ZINCRBY 更新它们的热度，或者使用 ZRANGE 以升序或降序的方式获取排行榜中的元素。此外，程序还可以使用 ZSCORE 命令获取指定数据库的热度，并在不需要对某个数据库进行统计的时候，使用 ZREM 命令将其移出排行榜。

作为例子，下面这段代码展示了构建表 22-1 所示排行榜所需的命令序列：

```
redis> ZADD DB-ranking 157 "Redis"
(integer) 1
redis> ZADD DB-ranking 118 "SQLite"
(integer) 1
redis> ZADD DB-ranking 1101 "MySQL"
(integer) 1
redis> ZADD DB-ranking 634 "PostgreSQL"
(integer) 1
```

在此之后，可以通过以下命令获取整个排行榜：

```
redis> ZRANGE DB-ranking 0 -1 REV
1) "MySQL"
2) "PostgreSQL"
3) "Redis"
4) "SQLite"
```

或者通过以下命令更新排行榜成员的权重：

```
redis> ZINCRBY DB-ranking -300 "MySQL"
"801"
```

22.3　实现代码

代码清单 22-1 展示了基于 22.2 节所述解决方案实现的排行榜程序。

代码清单 22-1　排行榜程序 ranking.py

```
def turn_tuple_into_dict(result_item):
    """
    将客户端返回的有序集合项从原来的元组(item, weight)转换为字典{item: weight}，
    并将权重的类型从浮点数转换为整数。
```

```
        """
        item, weight = result_item
        return {item: int(weight)}

class Ranking:

    def __init__(self, client, key):
        self.client = client
        self.key = key

    def set_weight(self, item, weight):
        """
        将排行榜中指定项的权重设置/更新为给定的值。
        如果项尚未存在，那么将其添加至排行榜中。
        返回 True 表示这是一次添加操作，返回 False 则表示这是一次更新操作。
        """
        return self.client.zadd(self.key, {item: weight}) == 1

    def get_weight(self, item):
        """
        返回指定项在排行榜中的权重，返回 None 则表示指定项不存在。
        """
        result = self.client.zscore(self.key, item)
        if result is not None:
            return int(result)

    def update_weight(self, item, change):
        """
        根据 change 参数的值更新指定项的权重。
        传入正数表示执行加法，传入负数则表示执行减法。
        返回值为指定项在执行更新之后的权重。
        """
        return self.client.zincrby(self.key, change, item)

    def remove(self, item):
        """
        从排行榜中删除指定的项。
        删除成功返回 True，返回 False 则表示指定项不存在，删除失败。
        """
        return self.client.zrem(self.key, item) == 1

    def length(self):
        """
        返回排行榜的长度，也就是其包含的项数量。
        """
        return self.client.zcard(self.key)

    def top(self, N):
        """
        以降序方式返回排行榜前 N 个项及其权重。
        """
```

```
        start = 0
        end = N-1
        result = self.client.zrange(self.key, start, end, withscores=True, desc=True)
        return list(map(turn_tuple_into_dict, result))

    def bottom(self, N):
        """
        以升序方式返回排行榜后 N 个项及其权重。
        """
        start = 0
        end = N-1
        result = self.client.zrange(self.key, start, end, withscores=True)
        return list(map(turn_tuple_into_dict, result))
```

作为例子，下面这段代码展示了如何使用上述排行榜程序构建前面提到的热门数据库排行榜：

```
>>> from redis import Redis
>>> from ranking import Ranking
>>> client = Redis(decode_responses=True)
>>> rank = Ranking(client, "DB-ranking")
>>> rank.set_weight("Redis", 157)  # 添加数据库及其热度
True
>>> rank.set_weight("MySQL", 1101)
True
>>> rank.set_weight("SQLite", 118)
True
>>> rank.set_weight("PostgreSQL", 634)
True
>>> rank.top(3)  # 获取排名前三的数据库
[{'MySQL': 1101}, {'PostgreSQL': 634}, {'Redis': 157}]
>>> rank.bottom(1)  # 获取排名最末尾的数据库
[{'SQLite': 118}]
```

22.4 重点回顾

- 排行榜经常出现在各式各样的应用中，如视频应用、音乐应用、健身应用、用户社区等，用于展示与应用相关的热门资源。
- 在 Redis 中实现排行榜最直接的方法就是使用 Redis 的有序集合。对于每个排行榜，程序需要把被排名的元素设置为有序集合的集合成员，并将被排名元素的权重设置为集合成员的分值。
- 排行榜程序要做的就是使用 ZADD 命令添加被排名的元素，使用 ZINCRBY 命令更新它们的权重，使用 ZRANGE 以升序或降序的方式获取排行榜中的元素，使用 ZSCORE 命令获取被排名元素的权重，或者使用 ZREM 命令将元素移出排行榜。

第 23 章 分页

分页程序对每个包含大量资料的应用来说都是必不可少的，例如：

- 新闻应用通常会按照事件发生的先后顺序，使用分页程序分隔最近出现的所有新闻。这样一来，用户只需要打开应用就能够看到最新发生的事件，并通过不断地向后翻页或滚动来查看之前发生的事件。
- 短视频应用会通过分页程序，每次向用户推荐一批他可能感兴趣的视频，用户可以从被推荐的视频中进行选择，或者通过滚动屏幕获取上一批/下一批推荐视频。
- 无论是博客还是微博客，通常都会根据博文的分布时间，按照从新到旧的顺序分隔博客中的多篇博文，这样读者就可以通过不断地翻页来阅读更多文章。

除了上述场景，分页程序在网络论坛、社交应用、内容管理系统（content management system，CMS）和网购应用中也会频繁用到。

23.1 需求描述

使用 Redis 实现分页程序，以此来为应用提供翻页浏览功能。

23.2 解决方案

实现分页功能的关键是要维持一个按位置排列元素的列表，这个列表需要保存多个元素，并记录每个元素的相对位置（也就是它们的索引）。在执行分页操作的时候，程序需要先根据指定的页数以及每页包含的元素数量计算出目标元素在列表中的索引范围，然后通过命令返回位于列表指定索引范围内的元素。

以表 23-1 为例，假设现在有一个列表，它保存了 20 篇文章的 ID，分别存储在列表索引 0 到 19 对应的元素中。如果需要以每页 5 篇文章的方式对这个列表进行分页，那么程序应该在第一页返回位于索引 0 至索引 4 上的文章 ID，在第二页返回位于索引 5 至索引 9 上的文章 ID，在第三页返回位于索引 10 至索引 14 上的文章 ID，并在第四页返回位于索引 15 至索引 19 上的文章 ID。

表 23-1　存储文章 ID 的列表

索引	文章 ID
0	topic:10086
1	topic:10001
2	topic:10000
3	topic:9500
4	topic:9321
5	topic:9005
6	topic:9004
⋮	⋮
18	topic:8123
19	topic:8007

使用 Redis 列表作为分页程序的底层数据结构可以创建出表 23-1 所示的列表，而各个列表命令则分别用于实现不同的分页操作。

- 添加被分页元素的工作可以通过执行 `LPUSH` 命令来完成，在持续向列表推入多个元素之后，越接近列表左端的元素就越新，也越早被返回，而越接近列表右端的元素就越旧，也越晚被返回。
- 获取被分页元素的工作可以通过执行 `LRANGE` 命令来完成，其中被返回元素的索引区间需要根据“想要获取第几页”和“每页需要返回的多少个元素”这两个参数计算得出。
- 获取被分页元素总数量的工作可以通过执行 `LLEN` 命令来完成，至于分页程序需要处理的总页数则可以通过计算元素总数量除以每页返回元素数量得出。

例如，通过执行以下命令序列，可以向列表 `TopicList` 推入 20 个代表文章 ID 的元素：

```
redis> LPUSH TopicList topic:8007
(integer) 1
redis> LPUSH TopicList topic:8123
(integer) 2
redis> LPUSH TopicList topic:8141
(integer) 3
-- 省略部分 LPUSH 命令
```

```
redis> LPUSH TopicList topic:10001
(integer) 19
redis> LPUSH TopicList topic:10086
(integer) 20
```

在此之后，可以通过以下命令序列，以每5个元素为一页的方式，分别获取这个列表第一页至第四页的元素：

```
redis> LRANGE TopicList 0 4
1) "topic:10086"
2) "topic:10001"
3) "topic:10000"
4) "topic:9500"
5) "topic:9321"
redis> LRANGE TopicList 5 9
1) "topic:9005"
2) "topic:9004"
3) "topic:8856"
4) "topic:8696"
5) "topic:8482"
redis> LRANGE TopicList 10 14
1) "topic:8323"
2) "topic:8293"
3) "topic:8269"
4) "topic:8205"
5) "topic:8188"
redis> LRANGE TopicList 15 19
1) "topic:8175"
2) "topic:8151"
3) "topic:8141"
4) "topic:8123"
5) "topic:8007"
```

还可以通过LLEN命令获取列表的总长度：

```
redis> LLEN TopicList
(integer) 20
```

考虑到列表里共有20个元素，如果分页程序以每5个元素为一页，那么整个列表一共可以分为4页；而如果以每10个元素一页，那么整个列表一共可以分为2页。

23.3 实现代码

代码清单23-1展示了基于23.2节所述解决方案实现的分页程序。

代码清单23-1 分页程序 pagging.py

```
from math import ceil  # 向下取整函数
```

```
DEFAULT_SIZE = 10  # 默认每页返回 10 个元素

class Pagging:

    def __init__(self, client, key):
        self.client = client
        self.key = key

    def add(self, *items):
        """
        将给定的一个或多个元素推入分页列表中，
        成功时返回列表当前包含的元素数量。
        """
        return self.client.lpush(self.key, *items)

    def get(self, page, size=DEFAULT_SIZE):
        """
        从指定分页中取出指定数量的元素。
        """
        # 根据给定的页数和元素数量计算出索引范围
        start = (page-1)*size
        end = page*size-1
        # 根据索引从分页列表中获取元素
        return self.client.lrange(self.key, start, end)

    def length(self):
        """
        返回分页列表包含的元素总数量。
        """
        return self.client.llen(self.key)

    def number(self, size=DEFAULT_SIZE):
        """
        返回在获取指定数量的元素时，分页列表包含的页数。
        如果分页列表为空则返回 0。
        """
        return ceil(self.length()/size)
```

作为例子，下面这段代码展示了如何使用上述分页程序构建一个包含 9 个元素的分页列表，然后以每页 3 个元素的方式返回第一页、第二页和第三页的各个元素：

```
>>> from redis import Redis
>>> from pagging import Pagging
>>> client = Redis(decode_responses=True)
>>> page = Pagging(client, "TopicList")
>>> for i in range(1, 10):  # 添加被分页元素
...   page.add("topic:{}".format(i))
...
1
2
# ...
```

```
9
>>> page.length()  # 获取元素总数量
9
>>> page.number(3)  # 获取页数
3
>>> page.get(1, 3)  # 获取分页元素
['topic:9', 'topic:8', 'topic:7']
>>> page.get(2, 3)
['topic:6', 'topic:5', 'topic:4']
>>> page.get(3, 3)
['topic:3', 'topic:2', 'topic:1']
```

23.4 重点回顾

- 分页程序对每个包含大量资料的应用来说都是必不可少的，无论是新闻应用、短视频应用还是博客、网络论坛和内容管理系统，分页都随处可见。
- 实现分页功能的关键是要维持一个按位置排列元素的列表，这个列表需要保存多个元素，并记录每个元素的相对位置（也就是它们的索引）。
- 在执行分页操作的时候，需要先根据指定的页数以及每页包含的元素数量计算出目标元素在列表中的索引范围，然后通过命令返回位于列表指定索引范围内的元素。
- 要在 Redis 中实现分页程序，可以使用 Redis 列表作为底层数据结构，而各个列表命令则分别用于实现不同的分页操作，其中 LPUSH 命令用于添加被分页元素，LRANGE 命令用于获取被分页元素，而 LLEN 命令用于获取列表包含的元素数量。

第 24 章 时间线

第 23 章中介绍了如何使用 Redis 列表实现分页程序，以便基于元素的索引对它们进行分页，而时间线程序是分页程序的改进版本，它不仅可以基于元素的索引对其进行分页，还可以基于元素关联的时间对其进行分页。

对于一些跟时间关联不大的应用，基于索引进行分页已经足够，但是对于一些与时间或日期密切关联的应用，具备基于时间进行分页的能力将是非常必要的。

举例来说，对于博客或者内容管理系统，有些用户可能对特定时间段的文章感兴趣，例如，他会查找所有在 2025 年发表的文章，或者所有在 2023 年至 2025 年发表的文章，诸如此类；对于一些用户生成内容的应用，用户可能想知道自己在特定时间段发表的所有内容，例如，查找上个月发表的所有内容、查找这一年发表的所有内容，或者查找上一年发表的所有内容等；一些新闻应用也会按事件发生的时间归档新闻信息，以便用户查找当天、当周、当月、当季或当年发生的事件。

24.1 需求描述

在 Redis 中实现时间线程序，以便按时间顺序排列内容，并在需要的时候查找位于特定时间段中的内容。

24.2 解决方案

为了将分页程序修改为时间线，给予它基于时间进行分页的能力，需要将程序的底层数据结构从原来的 Redis 列表修改为 Redis 有序集合，其中集合成员为被分页的元素，而成员的分值则是与元素关联的时间戳。之后，只需要使用 `ZADD` 命令将被分页的元素添加到时间线中，就可以使用 `ZRANGE` 命令基于索引或者时间戳对时间线中的元素进行分页了。

表 24-1 给出了一个存储文章 ID 及其发布时间戳的示例。

表24-1　存储文章ID及其发布时间戳的示例

索引	文章ID	时间戳	对应的日期和时间
0	topic:10086	1748707200	2025年6月1日0时0分0秒
1	topic:10001	1741968000	2025年3月15日0时0分0秒
2	topic:10000	1739462400	2025年2月14日0时0分0秒
3	topic:9500	1735660800	2025年1月1日0时0分0秒
4	topic:9321	1734019200	2024年12月13日0时0分0秒
⋮	⋮	⋮	⋮
18	topic:8123	1580313600	2020年1月30日0时0分0秒
19	topic:8007	1577808000	2020年1月1日0时0分0秒

以表24-1所示的文章发布时间表为例，要创建与该表对应的时间线，需要在Redis中执行以下命令序列：

```
redis> ZADD TopicTimeline 1577808000 topic:8007
(integer) 1
redis> ZADD TopicTimeline 1580313600 topic:8123
(integer) 1
redis> ZADD TopicTimeline 1615132800 topic:8141
(integer) 1
-- 省略部分ZADD命令
redis> ZADD TopicTimeline 1741968000 topic:10001
(integer) 1
redis> ZADD TopicTimeline 1748707200 topic:10086
(integer) 1
```

在此之后，可以通过执行以下ZRANGE命令，找出时间线中所有2025年发布的文章：

```
redis> ZRANGE TopicTimeline 1767196799 1735660800 BYSCORE REV
1) "topic:10086"
2) "topic:10001"
3) "topic:10000"
4) "topic:9500"
```

其中，命令搜索范围的起始值1767196799为2025年12月31日23时59分59秒的时间戳，而结束值1735660800是2025年1月1日0时0分0秒的时间戳。

也可以通过执行以下ZRANGE命令，找出时间线中所有在2024年至2025年发布的文章：

```
redis> ZRANGE TopicTimeline 1767196799 1704038400 BYSCORE REV
1) "topic:10086"
2) "topic:10001"
```

```
3) "topic:10000"
4) "topic:9500"
5) "topic:9321"
6) "topic:9005"
7) "topic:9004"
8) "topic:8856"
```

这次搜索的起始值依然是代表2025年12月31日23时59分59秒的时间戳1767196799，而结束值则修改成了代表2024年1月1日0时0分0秒的时间戳1704038400。

当然，也可以不基于时间，而是像普通的分页程序一样，获取时间线中最新的5篇文章或10篇文章：

```
redis> ZRANGE TopicTimeline 0 4 REV
1) "topic:10086"
2) "topic:10001"
3) "topic:10000"
4) "topic:9500"
5) "topic:9321"

redis> ZRANGE TopicTimeline 0 9 REV
 1) "topic:10086"
 2) "topic:10001"
 3) "topic:10000"
 -- 省略部分元素
10) "topic:8482"
```

24.3 实现代码

代码清单24-1展示了基于24.2节所述解决方案实现的时间线程序。

代码清单 24-1 时间线程序 timeline.py

```python
from math import ceil  # 向下取整函数

DEFAULT_SIZE = 10  # 默认每页返回 10 个元素

class Timeline:

    def __init__(self, client, key):
        self.client = client
        self.key = key

    def add(self, *items):
        """
        将给定的一个或多个项添加到时间线中，其中每个项由一个元素和一个时间戳组成。
        成功时返回时间线当前包含的项数量。
        """
```

```
        # 为了与分页程序同名方法的返回值保持一致
        # 此方法会多执行一个 ZCARD 命令以获取时间线当前包含的项数量
        tx = self.client.pipeline()
        tx.zadd(self.key, *items)  # 添加元素
        tx.zcard(self.key)     # 获取时间线包含的项数量
        return tx.execute()[1] # 返回时间线包含的项数量

    def get(self, page, size=DEFAULT_SIZE):
        """
        从指定分页中取出指定数量的元素（不包含时间戳）。
        """
        # 根据指定的页数和元素数量计算出索引范围
        start = (page-1)*size
        end = page*size-1
        # 根据索引从有序集合中获取元素
        return self.client.zrange(self.key, start, end, desc=True)

    def get_with_time(self, page, size=DEFAULT_SIZE):
        """
        从指定分页中取出指定数量的项（包括元素和时间戳）。
        """
        # 根据指定的页数和元素数量计算出索引范围
        start = (page-1)*size
        end = page*size-1
        # 根据索引从有序集合中获取元素及其分值
        result = self.client.zrange(self.key, start, end, desc=True, withscores=True)
        # 将结果中的每个项从元组(elem, time)转换为字典{elem: time}
        return list(map(lambda tuple: {tuple[0]: tuple[1]}, result))

    def get_by_time_range(self, min, max, page, size=DEFAULT_SIZE):
        """
        对位于指定时间戳范围内的项进行分页。
        """
        # 计算分页的起始偏移量
        offset = (page-1)*size
        # 获取指定时间戳范围内的元素，再对这些元素实施分页
        result = self.client.zrange(self.key, max, min,
                                    byscore=True, desc=True, withscores=True,
                                    offset=offset, num=size)
        # 将结果中的每个项从元组(elem, time)转换为字典{elem: time}
        return list(map(lambda tuple: {tuple[0]: tuple[1]}, result))

    def length(self):
        """
        返回时间线包含的项数量。
        """
        return self.client.zcard(self.key)

    def number(self, size=DEFAULT_SIZE):
```

```
    """
    返回在获取指定数量的元素时，时间线包含的页数。
    如果时间线为空则返回 0。
    """
    return ceil(self.length()/size)
```

这个程序提供了 3 个不同的分页方法，它们既有相同之处也有不同之处。

- get()、get_with_time()和 get_by_time_range()这 3 个方法全都使用了逆序排序。
- get()和 get_with_time()都是按索引排序元素，而 get_by_time_range()是按分值排序元素。
- get()只会返回元素，而 get_with_time()和 get_by_time_range()在获取元素的同时还会将其分值一并取出，所以它们在最后都使用了同一段代码，用于把结果中的项从元组转换为字典。
- get_by_time_range()方法的 min 参数和 max 参数用于确定目标元素所在的时间戳区间，ZRANGE 命令首先根据这个区间确定元素所在的范围，再使用计算得出的 offset 参数和 num 参数对范围内的元素进行分页。
- 由于 get_by_time_range()方法会以逆序方式获取元素，因此在调用 ZRANGE 命令的时候必须先给定 max 参数，再给定 min 参数。

作为例子，下面这段代码展示了上述时间线程序的具体用法：

```
>>> from redis import Redis
>>> from timeline import Timeline
>>> client = Redis(decode_responses=True)
>>> tl = Timeline(client, "TopicTimeline")
>>> tl.add({                    # 添加元素
"topic:10086": 1748707200,
"topic:10001": 1741968000,
"topic:10000": 1739462400,
# ...省略部分元素
"topic:8123": 1580313600,
"topic:8007": 1577808000
})
20
>>> tl.get(1, 5)  # 按索引获取元素
['topic:10086', 'topic:10001', 'topic:10000', 'topic:9500', 'topic:9321']
>>> tl.get_with_time(1, 5)  # 按索引获取元素及其时间戳
[{'topic:10086': 1748707200.0}, {'topic:10001': 1741968000.0},
 {'topic:10000': 1739462400.0}, {'topic:9500': 1735660800.0},
 {'topic:9321': 1734019200.0}]
>>> tl.get_by_time_range(1735660800, 1767196799, 1)  # 获取指定时间段内的元素
[{'topic:10086': 1748707200.0}, {'topic:10001': 1741968000.0},
 {'topic:10000': 1739462400.0}, {'topic:9500': 1735660800.0}]
```

```
>>> tl.length()  # 获取项数量
20
>>> tl.number()  # 获取页数
2
```

24.4 重点回顾

- 时间线程序是分页程序的改进版本，它不仅可以基于元素的索引对其进行分页，还可以基于元素关联的时间对其进行分页。
- 时间线在很多与时间或日期关联的应用中均存在，例如，博客或内容管理系统可能会使用时间线来管理文章，一些用户生成内容的应用会使用时间线来管理用户发布的内容，新闻应用也会使用时间线对事件进行归档。
- 为了将分页程序修改为时间线，给予它基于时间进行分页的能力，需要将程序的底层数据结构从原来的 Redis 列表修改为 Redis 有序集合，其中集合成员为被分页的元素，而成员的分值则是与元素关联的时间戳。之后，只需要使用 ZADD 命令将被分页的元素添加到时间线中，就可以使用 ZRANGE 命令基于索引或者时间戳对时间线中的元素进行分页了。

第 25 章 地理位置

用户的地理位置信息是当今最重要的信息之一，很多应用的服务都是基于这一信息开展的，例如：

- 社交应用基于用户的地理位置信息，优先向用户推荐位于他附近的其他用户，以便相邻的用户可以更方便地进行线下互动；
- 打车应用基于用户的地理位置设定接驾的地点，并通过起点和终点之间的距离、路况和线路等信息来选择具体的行进路线并计算预期的打车费用；
- 外卖应用基于用户的地理位置信息推荐附近支持配送的商家，并在用户下单之后安排附近的外卖骑手进行配送，然后根据骑手、商家和用户三方的地理位置信息，计算出配送所需的时间和费用。

除了上述应用，网购、旅游、租赁、家政服务等类型的应用也会大量使用用户的地理位置信息。

25.1 需求描述

使用 Redis 为应用增加地理位置相关的各项特性，如记录用户坐标、返回用户坐标、计算两个用户之间的直线距离、基于范围查找附近的其他用户等。

25.2 解决方案

Redis 的地理空间索引提供了记录坐标以及基于坐标进行搜索的相关命令，只需要使用程序将它们包裹起来就可以为应用加上地理位置相关的功能。例如，使用 GEOADD 命令可以记录用户的坐标，使用 GEOPOS 命令可以获取用户的坐标，使用 GEODIST 命令可以计算两个用户之间的直线距离，使用 GEOSEARCH 命令可以搜索指定用户附近的其他用户，诸如此类。

举个例子，通过执行以下命令序列，可以分别在 Locations 键中记录 Peter、Tom、Jack、Mary、Park 这 5 位用户的位置：

```
redis> GEOADD Locations 113.0656962109984 23.676476234465962 "Peter"
(integer) 1
redis> GEOADD Locations 113.06558561970265 23.674029750995327 "Tom"
(integer) 1
redis> GEOADD Locations 113.06235660892737 23.67242964603745 "Jack"
(integer) 1
redis> GEOADD Locations 113.05816495725982 23.67196524150491 "Mary"
(integer) 1
redis> GEOADD Locations 113.06029689012003 23.665217283923596 "Park"
(integer) 1
```

在此之后，可以通过 GEOPOS 命令获取指定用户的坐标：

```
redis> GEOPOS Locations "Peter"
1) 1) "113.06569665670394897"
   2) "23.67647675578341904"
redis> GEOPOS Locations "Tom"
1) 1) "113.06558400392532349"
   2) "23.67403074986464873"
```

或者通过 GEODIST 命令计算两个用户之间的直线距离：

```
redis> GEODIST Locations "Peter" "Tom" KM
"0.2723"
redis> GEODIST Locations "Peter" "Park" KM
"1.3679"
```

还可以通过 GEOSEARCH 命令搜索位于指定用户指定范围内的所有用户：

```
redis> GEOSEARCH Locations FROMMEMBER "Peter" BYRADIUS 1 KM
1) "Mary"     -- 距离 Peter 一公里以内的所有用户
2) "Jack"
3) "Tom"
4) "Peter"
redis> GEOSEARCH Locations FROMMEMBER "Peter" BYRADIUS 2 KM
1) "Mary"     -- 距离 Peter 两公里以内的所有用户
2) "Jack"
3) "Tom"
4) "Peter"
5) "Park"
```

注意，GEOSEARCH 命令在基于成员进行搜索的时候，会把被搜索的成员也包含在结果之内，上面代码中的"Peter"就是一个例子。在构建地理位置程序的时候，需要把这个成员从结果中移除，只包含除给定成员之外的其他成员。

25.3　实现代码

代码清单 25-1 展示了基于 25.2 节所述解决方案实现的地理位置程序。

代码清单 25-1 地理位置程序 location.py

```python
MAX_SEARCH_SIZE = 10

class Location:

    def __init__(self, client, key):
        self.client = client
        self.key = key

    def pin(self, user, long, lati):
        """
        记录用户所在的坐标。
        """
        self.client.geoadd(self.key, (long, lati, user))

    def locate(self, user):
        """
        获取用户的坐标。
        """
        return self.client.geopos(self.key, user)[0]

    def distance(self, user_x, user_y):
        """
        以公里为单位返回两个用户之间的直线距离。
        """
        return self.client.geodist(self.key, user_x, user_y, "km")

    def size(self):
        """
        获取已存储的用户位置数量。
        """
        return self.client.zcard(self.key)

    def search(self, user, radius, limit=MAX_SEARCH_SIZE):
        """
        以指定用户为圆心，搜索指定公里数范围内的其他用户。
        """
        result = self.client.geosearch(self.key, member=user, unit="km",
                  radius=radius, count=limit)
        result.remove(user)  # 移除结果中包含的用户自身
        return result
```

作为示例，下面就来使用这个地理位置程序。首先，创建 Redis 客户端以及地理位置对象实例：

```
>>> from redis import Redis
>>> from location import Location
```

```
>>> client = Redis(decode_responses=True)
>>> location = Location(client, "Locations")
```

接着，执行一系列 pin() 调用，添加多个用户坐标：

```
>>> location.pin("Peter", 113.0656962109984, 23.676476234465962)
>>> location.pin("Tom", 113.06558561970265,23.674029750995327)
>>> location.pin("Jack", 113.06235660892737,23.67242964603745)
>>> location.pin("Mary", 113.05816495725982,23.67196524150491)
>>> location.pin("Park", 113.06029689012003,23.665217283923596)
```

然后，可以调用 locate() 获取指定用户对应的坐标：

```
>>> location.locate("Peter")
(113.06569665670395, 23.67647675578342)
```

调用 distance() 计算两个用户之间的直线距离：

```
>>> location.distance("Peter", "Tom")
0.2723
>>> location.distance("Peter", "Park")
1.3679
```

或者调用 search() 搜索指定用户附近的其他用户：

```
>>> location.search("Peter", 1)   # 1 公里以内的其他用户
['Tom', 'Jack', 'Mary']
>>> location.search("Peter", 2)   # 2 公里以内的其他用户
['Tom', 'Jack', 'Mary', 'Park']
```

25.4 扩展实现：实现“摇一摇”功能

在实现基本的地理位置程序之后，可以在此之上实现更多有趣的功能。例如，一个很常见的扩展功能就是“摇一摇”功能：用户可以通过这个功能随机地获取位于自己附近的另一个用户，并与之进行交流。

实现这项功能需要完成下面两个步骤：

（1）找出当前用户的附近用户名单；

（2）从第 1 步的名单中随机选取一个用户作为结果。

其中，第 1 步的工作可以通过已实现的 search() 方法来实现，该方法将返回一个列表；而第 2 步则可以通过 Python 标准库中的 random.choice() 来完成，该函数可以从一个列表中随机选中一个元素作为结果。

基于上述原理，可以为 Location 类添加一个随机返回附近用户的 random_neighbour() 方法。代码清单 25-2 展示了带“摇一摇”功能的地理位置程序，其中包括 random_neighbour() 方法的具体实现代码。

代码清单 25-2 带“摇一摇”功能的地理位置程序 location.py

```
import random

MAX_SEARCH_SIZE = 10

class Location:

    def random_neighbour(self, user, limit=MAX_SEARCH_SIZE):
        """
        随机返回距离指定用户 1 公里以内的另一个用户。
        """
        neighbours = self.search(user, 1, limit)
        if neighbours != []:
            return random.choice(neighbours)
```

注意，因为 `random.choice()` 函数在输入为空列表的时候将抛出异常，所以程序在把附近用户名单传递给该函数之前必须先确保名单非空。

`random_neighbour()` 方法的实际执行效果如下：

```
>>> location.random_neighbour("Peter")
'Tom'
>>> location.random_neighbour("Peter")
'Tom'
>>> location.random_neighbour("Peter")
'Mary'
>>> location.random_neighbour("Peter")
'Jack'
```

25.5 扩展实现：为“摇一摇”功能设置缓存

25.4 节展示的 `random_neighbour()` 方法虽然能够达到想要的目的，但因为它每次执行都需要调用一次 `GEOSEARCH` 命令，而 `GEOSEARCH` 命令是一个需要大量计算的命令，所以这个方法的实现并不高效。

为了提高效率，可以实现一个带缓存的随机返回附近用户的 `cached_random_neighbour()` 方法，它的核心思路如下。

（1）使用 `GEOSEARCHSTORE` 命令代替 `GEOSEARCH` 命令，将指定用户的附近用户名单保存起来，并使用 `EXPIRE` 为其设置过期时间（`GEOSEARCHSTORE` 命令将以有序集合形式保存结果）。

（2）在指定的过期时间内，同一个用户每次执行 `cached_random_neighbour()` 方法，该方法就调用 `ZRANDMEMBER` 命令，尝试从缓存的指定用户的附近用户名单中随机返回一个用户。

（3）如果用户执行 cached_random_neighbour()时不存在已缓存的附近用户名单，那么执行第 1 步和第 2 步以计算结果并创建缓存。

代码清单 25-3 展示了带缓存的“摇一摇”功能的地理位置程序，其中包括 cached_random_neighbour()方法的具体实现代码。

代码清单 25-3　带缓存的“摇一摇”功能的地理位置程序 location.py

```
MAX_SEARCH_SIZE = 10
CACHE_TTL = 60

def make_neighbour_key(user):
    """
    附近用户名单缓存。
    """
    return "Location:{}:neighbours".format(user)

class Location:

    def cached_random_neighbour(self, user, limit=MAX_SEARCH_SIZE):
        """
        缓存版的 random_neighbour()函数，结果最多每分钟刷新一次。
        """
        # 尝试直接返回已缓存的结果
        cache_key = make_neighbour_key(user)
        cached_neighbour = self.client.zrandmember(cache_key)
        if cached_neighbour is not None:
            return cached_neighbour  # 返回缓存结果

        # 缓存不存在
        # 先更新缓存，然后设置过期时间，最后返回随机结果
        tx = self.client.pipeline()
        tx.geosearchstore(cache_key, self.key, member=user, unit="km", radius=1,
                count=limit)
        tx.zrem(cache_key, user)  # 从结果中移除用户自身
        tx.expire(cache_key, CACHE_TTL)  # 设置过期时间
        tx.zrandmember(cache_key)  # 从缓存中随机获取某个用户
        return tx.execute()[-1]  # 返回结果
```

cached_random_neighbour()方法的使用方式跟无缓存版本一样：

```
>>> location.cached_random_neighbour("Peter")
'Mary'
>>> location.cached_random_neighbour("Peter")
'Tom'
>>> location.cached_random_neighbour("Peter")
'Mary'
```

25.6 重点回顾

- 用户的地理位置信息是当今最重要的信息之一，很多应用的服务都是基于这一信息开展的：社交应用基于用户的位置向其推荐附近的其他用户，打车应用基于用户的位置设定接驾地点，外卖应用基于用户的位置为其推荐附近的商家，诸如此类。
- Redis 的地理空间索引提供了记录坐标以及基于坐标进行搜索的相关命令，只需要使用程序将它们包裹起来就可以为应用加上地理位置相关的功能。例如，使用 `GEOADD` 命令可以记录用户的坐标，使用 `GEOPOS` 命令可以获取用户的坐标，使用 `GEODIST` 命令可以计算两个用户之间的直线距离，使用 `GEOSEARCH` 命令可以搜索指定用户附近的其他用户，诸如此类。
- `GEOSEARCH` 命令需要大量计算，是一个非常耗时的命令，如果需要重复执行这个命令，可以考虑使用 `GEOSEARCHSTORE` 命令存储其计算结果并将其用作缓存。

第三部分

数据结构

数据结构部分介绍的实例是一些使用 Redis 实现的常见数据结构，如先进先出队列、栈、优先队列和矩阵等。在需要快速、可靠的内存存储数据结构时，这些数据结构可以作为其他程序的底层数据结构或者基本构件使用。

第 26 章 先进先出队列

先进先出队列是一种非常常见的数据结构，它允许用户有序地将多个元素推入队列（入队），并在需要的时候以相反的顺序依次从队列中弹出相应的元素（出队）。

先进先出队列经常用于实现排队系统或者抢购/秒杀系统，这些系统的一个特点是它们在短时间内接收到的请求数量远远超过它们能够正常处理的请求数量。因此，系统需要将短时间内接收到的大量请求按顺序存放在队列中，然后以“先到先处理，先到先服务”的方式有序地处理它们。

举个例子，对网店应用来说，一件热门的限量打折商品可能会引来大量用户抢购，其购买订单的数量可能会远远超过该网店瞬时能够处理的数量，并且被抢购的商品也会随时售罄。这时系统就可以考虑不立即处理用户的购买请求，而是先将用户发送的购买请求全部放入先进先出队列中，再按照这些请求入队的先后顺序依次处理它们。这样既能保证订单系统不会被阻塞，也能保证系统对每个抢购用户都是公平的。

26.1 需求描述

使用 Redis 实现先进先出队列，这个队列应该能够提供基本的入队和出队等操作。

26.2 解决方案

在 Redis 中实现先进先出队列最简单的方式就是使用列表，只需要向列表的一端推入元素，并从列表的另一端弹出元素，那么列表自然就会形成一个先进先出队列。

举个例子，如果使用以下 `RPUSH` 命令，依次向列表 `FifoQueue` 的右端推入 `a`、`b`、`c` 这 3 个元素：

```
redis> RPUSH FifoQueue "a"
(integer) 1
redis> RPUSH FifoQueue "b"
```

```
(integer) 2
redis> RPUSH FifoQueue "c"
(integer) 3
```

那么，之后只需要使用 RPUSH 命令的反操作 LPOP，就可以以先进先出的方式依次从列表的左端弹出 a、b、c 这3个元素：

```
redis> LPOP FifoQueue
"a"
redis> LPOP FifoQueue
"b"
redis> LPOP FifoQueue
"c"
```

在需要的时候，还可以使用 LLEN 命令来获知队列目前包含的元素数量：

```
redis> LLEN FifoQueue
(integer) 0
```

26.3 实现代码

代码清单26-1展示了使用26.3节所述解决方案实现的先进先出队列程序。

代码清单26-1 先进先出队列程序 fifo_queue.py

```
NON_BLOCK = -1

class FifoQueue:

    def __init__(self, client, key):
        self.client = client
        self.key = key

    def enqueue(self, *items):
        """
        以先进先出顺序将给定的一个或多个元素推入队列。
        返回入队操作执行之后队列当前的长度。
        """
        return self.client.rpush(self.key, *items)

    def dequeue(self, timeout=NON_BLOCK):
        """
        以先进先出顺序弹出队列中的一个元素。
        如果队列为空则返回 None。
        可选的 timeout 参数用于启用/关闭阻塞功能，它的值可以是：
        1) NON_BLOCK，默认值，不启用阻塞功能；
        2) 0，一直等待直到有值可弹出为止；
        3) N，大于 0 的秒数 N，表示等待的最大秒数。
        """
```

```
        if timeout == NON_BLOCK:
            return self.client.lpop(self.key)
        else:
            ret = self.client.blpop(self.key, timeout)
            if ret is not None:
                return ret[1]  # 从(list, item)元组中获取被弹出元素

    def length(self):
        """
        返回队列的长度。
        """
        return self.client.llen(self.key)
```

这个程序通过 RPUSH 命令将元素推入列表的右端，并通过 LPOP 或 BLPOP 命令将元素从列表的左端弹出，从而形成先进先出队列。

为了能够灵活地执行出队操作，dequeue()方法同时支持阻塞和非阻塞两种形式。对于简单的程序和较短的队列，可以通过多次执行该方法来弹出元素：

```
item = queue.dequeue()  # 弹出一个元素
do_something(item)  # 处理元素
item = queue.dequeue()  # 弹出另一个元素
do_something(item)  # 处理元素
```

但是，对于持续运行的程序或者包含大量元素的队列，则可以通过阻塞模式让程序避免空转、保持高效：

```
while True:
    item = queue.dequeue(0)  # 阻塞直到有元素出现
    do_something(item)  # 处理元素
```

作为例子，下面这段代码展示了上述先进先出队列程序的具体用法：

```
>>> from redis import Redis
>>> from fifo_queue import FifoQueue
>>> client = Redis(decode_responses=True)
>>> queue = FifoQueue(client, "FifoQueue")
>>> queue.enqueue("a")  # 元素入队
1
>>> queue.enqueue("b")
2
>>> queue.enqueue("c")
3
>>> queue.dequeue()  # 元素出队
'a'
>>> queue.dequeue()
'b'
>>> queue.dequeue()
'c'
>>> queue.dequeue()  # 队列已空
>>>
```

26.4　扩展实现：反方向的队列

正如代码清单 26-2 所示，除了“右端入队、左端出队”的方式，先进先出队列还可以通过“左端入队、右端出队”的方式实现。跟之前 FifoQueue 类的定义相比，这个新实现的 FifoQueueR 类将 RPUSH 替换成了 LPUSH，将 LPOP 和 BLPOP 分别替换成了 RPOP 和 BRPOP。

代码清单 26-2　反方向的先进先出队列程序 fifo_queue_r.py

```
NON_BLOCK = -1

class FifoQueueR:

    def __init__(self, client, key):
        self.client = client
        self.key = key

    def enqueue(self, *items):
        """
        以先进先出顺序将给定的一个或多个元素推入队列。
        返回入队操作执行之后队列当前的长度。
        """
        return self.client.lpush(self.key, *items)

    def dequeue(self, timeout=NON_BLOCK):
        """
        以先进先出顺序弹出队列中的一个元素。
        如果队列为空则返回 None。
        可选的 timeout 参数用于启用/关闭阻塞功能，它的值可以是：
        1）NON_BLOCK，默认值，不启用阻塞功能；
        2）0，一直等待直到有值可弹出为止；
        3）N，大于 0 的秒数 N，表示等待的最大秒数。
        """
        if timeout == NON_BLOCK:
            return self.client.rpop(self.key)
        else:
            ret = self.client.brpop(self.key, timeout)
            if ret is not None:
                return ret[1]  # 从(list, item)元组中获取被弹出元素

    def length(self):
        """
        返回队列的长度。
        """
        return self.client.llen(self.key)
```

除底层实现入队和出队的方向不一样之外，FifoQueueR 和 FifoQueue 的行为是完全一致的，它们对相同的输入产生相同的输出：

```
>>> from redis import Redis
>>> from fifo_queue_r import FifoQueueR
>>> client = Redis(decode_responses=True)
>>> queue = FifoQueueR(client, "FifoQueueR")
>>> queue.enqueue("a", "b", "c")
3
>>> queue.dequeue()
'a'
>>> queue.dequeue()
'b'
>>> queue.dequeue()
'c'
```

26.5 重点回顾

- 先进先出队列允许用户有序地将多个元素推入队列（入队），并在需要的时候以相反的顺序依次从队列中弹出相应的元素（出队）。
- 先进先出队列通常用于实现排队系统或者抢购/秒杀系统，它们能够将多个请求按顺序存放在队列中，然后以“先到先处理，先到先服务”的方式有序地处理它们。
- 在 Redis 中实现先进先出队列最简单的方式就是使用列表，只需要向列表的一端推入元素，并从列表的另一端弹出元素，那么列表自然就会形成一个先进先出队列。
- 使用列表实现先进先出队列时既可以选择“右端入队、左端出队”的方式，也可以选择“左端入队、右端出队”的方式：前者需要用到 RPUSH、LPOP 和 BLPOP 这 3 个命令，而后者则会用到 LPUSH、RPOP 和 BRPOP 这 3 个命令。

第 27 章

定长队列和淘汰队列

第 26 章介绍了如何实现一个具有入队和出队操作的先进先出队列，但除此之外，有时候我们也会想要使用 Redis 实现一个具有固定长度的先进先出队列，这种队列可以在队列包含的元素数量超过指定限制时自动移除新增的元素，从而保证队列的长度不会超过最大限制。

以网店的抢购/秒杀系统为例，对于一件限量商品，网店对其能够处理的购买请求数量是有限的，在限量商品的库存被消耗殆尽后，新增加的订单就是可以丢弃的无效订单。

例如，假设网店现在推出一次针对某件热门商品的抢购活动，并且限量 10 万件，那么系统只需要使用定长队列记录最先出现的 10 万张订单即可，后续出现的订单一律按抢购失败处理。

27.1 需求描述

使用 Redis 实现一个具有固定长度的先进先出队列，这种队列不仅可以执行入队和出队操作，还能在队列长度超过指定限制时自动移除新增元素。

27.2 解决方案

为了创建具有固定长度的先进先出队列，需要基于已有的先进先出队列实现进行修改，其中有两种可选的方案。

（1）在每次向队列中推入新元素前检查队列长度，然后根据长度是否超限来决定是否执行实际的入队操作。

（2）直接向队列推入新元素，然后根据队列允许的最大长度对队列实施截断，从而使队列的长度符合要求。

初看上去，第一种方案似乎更符合直觉，但是在使用 Redis 事务实现这一方案时，它的效率不如第二种方案：为了保证正确性，第一种方案要求程序首先监视指定的列表键，接着获取列表的长度，再根据长度判断是否对列表执行实际的入队操作。在实际执行入队操作的情况下，定长队列程序至少需要与 Redis 服务器来回通信 3 次。

反观第二种方案，虽然需要直接执行入队和截断操作，但考虑到一般被推入的都是代表对象的 ID，这些 ID 通常都非常短小并且轻量，所以针对它们的入队和截断操作将迅速地完成。与此同时，因为入队和截断这两个操作可以在同一个事务中执行，所以定长队列程序只需要与 Redis 服务器通信一次即可。跟第一种方案相比，第二种方案无疑效率更高。

作为例子，以下命令序列模拟了定长队列程序在采取第二种方案时，对一个最大长度为 5 的列表执行两次入队操作时产生的结果：

```
redis> MULTI  # 第一次入队
OK
redis(TX)> RPUSH queue "a" "b"
QUEUED
redis(TX)> LTRIM queue 0 4
QUEUED
redis(TX)> EXEC
1) (integer) 2
2) OK
redis> MULTI  # 第二次入队
OK
redis(TX)> RPUSH queue "c" "d" "e" "f" "g"
QUEUED
redis(TX)> LTRIM queue 0 4
QUEUED
redis(TX)> EXEC
1) (integer) 7
2) OK
```

可以看到，两个 RPUSH 命令在执行之后都执行了一个 LTRIM 命令，这两次命令调用的区别在于：

- 第一个 RPUSH 命令执行完毕之后，列表只包含两个元素，这并未超过指定的长度限制，所以这两个元素在 LTRIM 执行之后仍然会被保留；
- 第二个 RPUSH 命令执行完毕之后，列表共包含了 7 个元素，这超过了指定的最大长度，所以 LTRIM 命令将移除列表索引 0 至 4 以外的其他所有元素。

如果现在查看 queue 列表，就会发现它只保留了前五个被推入的元素，而之后超限的"f"和"g"都被移除了：

```
redis> LRANGE queue 0 -1
1) "a"
2) "b"
3) "c"
```

```
4) "d"
5) "e"
```

通过这种方法，程序可以保证：无论推入多少新元素，队列最终的长度也不会超过指定的限制。

27.3 实现代码

代码清单 27-1 展示了基于 27.2 节所述解决方案实现的定长队列程序。

代码清单 27-1 定长队列程序 fixed_length_queue.py

```
from fifo_queue import FifoQueue

class FixedLengthQueue(FifoQueue):

    def __init__(self, client, key, max_length):
        """
        初始化一个带有最大长度限制的先进先出队列。
        其中 max_length 参数用于指定队列的最大长度。
        """
        self.client = client
        self.key = key
        self.max_length = max_length

    def enqueue(self, *items):
        """
        尝试将给定的一个或多个新元素推入队列末尾。
        当队列长度达到最大限制时，超过限制的元素将被截断。
        这个方法将返回成功入队且被最终保留的元素数量。
        """
        # 计算合法元素所处的列表索引区间
        start = 0
        end = self.max_length-1

        # 执行入队操作，并截断超过长度限制的部分
        tx = self.client.pipeline()
        tx.rpush(self.key, *items)
        tx.ltrim(self.key, start, end)
        current_length, _ = tx.execute()

        # 根据列表添加新元素之后的长度来计算有多少个新元素会被保留
        if current_length < self.max_length:
            # 未引发截断操作，所有新元素均被保留
            return len(items)
        else:
            # 列表过长，引发截断操作
```

```
        # 先计算出被截断的元素数量，再计算出被保留的元素数量
        trim_size = current_length - self.max_length
        return len(items) - trim_size
```

这个定长队列类 FixedLengthQueue 继承自第 26 章中展示的先进先出队列类 FifoQueue，除入队方法 enqueue()不同并且__init__()方法新增了一个最大长度参数之外，定长队列的其他方法跟先进先出队列完全一样。

作为例子，下面这段代码展示了上述定长队列程序的具体用法：

```
>>> from redis import Redis
>>> from fixed_length_queue import FixedLengthQueue
>>> client = Redis(decode_responses=True)
>>> queue = FixedLengthQueue(client, "fixed", 5)  # 最大长度为 5
>>> queue.enqueue("a", "b")  # 尝试并成功入队两个元素
2
>>> queue.enqueue("c", "d", "e", "f", "g")  # 尝试入队 5 个元素，但只成功了 3 个
3
>>> queue.enqueue("h")  # 尝试入队一个元素，但失败
0
>>> queue.length()  # 查看队列的当前长度
5
>>> for _ in range(5):  # 出队所有元素
...   queue.dequeue()
...
'a'
'b'
'c'
'd'
'e'
```

可以看到，当队列长度达到最大限制的 5 时，定长队列只会保留最先入队的 5 个元素，而之后入队的任何元素都会被截断。

27.4　扩展实现：淘汰队列

当元素数量超过限制时，定长队列会优先保留先入队的元素，截断之后出现的超限元素。但如果反其道而行之，保留后入队的元素，截断先入队的元素，就会将得到一个淘汰队列。

淘汰队列通常出现在一些视听和阅读类应用上，例如，视频网站可能会带有一个“稍后观看”功能，它可以让用户把自己感兴趣的视频都放进队列中以便以后观看。但随着新视频不断地入队，队列中旧视频的重要性将逐渐降低——当入队视频的数量变得非常多的时候，用户甚至可能不会再对最初入队的视频感兴趣。

因此，很多具有“稍后观看”“稍后阅读”功能的队列都是一个定长的淘汰队列：当队

列长度达到指定的限制时，用户每向队列入队一个新元素，都会导致队列中存在时间最长的元素出队，最终产生新元素淘汰旧元素的效果。

淘汰队列 `FadedQueue` 跟定长队列 `FixedLengthQueue` 一样，都可以使用 `RPUSH` 命令和 `LTRIM` 命令来实现，两者的主要区别在于 `LTRIM` 命令要截断的方向不一样：

- 淘汰队列需要保留列表右端的较新元素，截断列表左端的较旧元素；
- 定长队列需要保留列表左端的较旧元素，截断列表右端的较新元素。

具体到实现上，两种队列的关键区别就是执行 `LTRIM` 命令时给定的索引不同，代码清单 27-2 展示了它们之间的区别。

代码清单 27-2 淘汰队列程序 faded_queue.py

```
from fifo_queue import FifoQueue

class FadedQueue(FifoQueue):

    def __init__(self, client, key, max_length):
        """
        初始化一个会在长度超限之后接收新元素并淘汰旧元素的先进先出队列。
        其中 max_length 参数用于指定队列的最大长度。
        """
        self.client = client
        self.key = key
        self.max_length = max_length

    def enqueue(self, *items):
        """
        尝试将给定的一个或多个新元素推入队列末尾。
        当队列长度达到最大限制时，每添加一个新元素，就会有一个最旧的元素出队。
        这个方法将返回成功入队且被最终保留的元素数量。
        """
        tx = self.client.pipeline()
        # 推入所有给定元素
        tx.rpush(self.key, *items)
        # 只保留列表索引区间-MAX_LENGTH 至-1 内的元素
        # 这些元素都是相对较新的元素
        tx.ltrim(self.key, -self.max_length, -1)
        tx.execute()
        # 计算成功入队且被保留的元素数量
        if len(items) < self.max_length:
            return len(items)
        else:
            return self.max_length
```

和定长队列一样，淘汰队列也继承了之前实现的先进先出队列。

作为例子，下面这段代码展示了上述淘汰队列程序的具体用法：

```
>>> from redis import Redis
>>> from faded_queue import FadedQueue
>>> client = Redis(decode_responses=True)
>>> queue = FadedQueue(client, "faded", 5)  # 最大长度为 5
>>> queue.enqueue("a", "b")  # 入队 2 个元素
2
>>> queue.enqueue("c", "d", "e", "f", "g")  # 入队 5 个元素
5
>>> queue.enqueue("h")  # 入队 1 个元素
1
>>> queue.length()  # 只有 5 个元素被保留
5
>>> for _ in range(5):  # 出队所有元素
...   queue.dequeue()
...
'd'
'e'
'f'
'g'
'h'
```

这段代码首先入队了 2 个元素，然后入队 5 个元素，最后入队 1 个元素。

- 在第一次入队时，列表的长度将从 0 变为 2，新入队的两个元素都会被保留。
- 在第二次入队时，列表的长度将从 2 变为 7，这时之前入队的元素 a 和 b 会被截断，而新入队的 c、d、e、f、g 则会被保留，最终列表的长度变回 5。
- 在第三次入队时，列表的长度将从 5 变为 6，这时列表将截断之前入队的元素 c，保留 d 至 h 元素，从而再次将列表的长度变回 5。

27.5　重点回顾

- 定长队列就是具有固定长度的先进先出队列，它可以在队列的元素数量超过指定限制时自动移除新增的元素。
- 在 Redis 中使用列表实现定长队列有两种方法：(1)在入队元素前检查队列的长度，只在长度未超过限制的情况下执行实际的入队操作；(2) 直接对队列执行入队操作，然后根据最大长度对队列实施截断。
- 定长队列在元素数量超过限制时会优先保留先入队的元素，截断后入队的元素，而淘汰队列则相反，它会优先保留后入队的元素，截断先入队的元素。
- 定长队列通常应用在限制用户请求数量等场景中，而淘汰队列通常应用在“稍后观看”等场景中。

第 28 章

栈（后进先出队列）

栈（也称后进先出队列）允许用户有序地推入多个元素（入栈），并在需要的时候依次弹出最近被推入的元素（出栈）。例如，如果依次向一个空栈推入 a、b、c 这 3 个元素，那么栈在弹出元素时首先会弹出 c，然后是 b，最后是 a。

栈在实际中通常会被用作底层数据结构，或者用于实现“撤销”等操作。举个例子，对于在线文档编辑器，程序可以把用户执行的每项编辑操作都推入栈中；当用户想要撤销之前的操作时，程序只需要从栈中弹出用户最近执行的操作，再执行该操作的反操作即可。

28.1 需求描述

使用 Redis 实现栈数据结构，它应该能够提供入栈和出栈等常见操作。

28.2 解决方案

在 Redis 中实现栈最简单的方法就是使用列表，只要持续地向列表的其中一端推入元素，并在需要的时候从相同的一端弹出最近被推入的元素即可。

举个例子，如果使用以下 RPUSH 命令，依次向列表 Stack 的右端推入 a、b、c 这 3 个元素：

```
redis> RPUSH Stack "a"
(integer) 1
redis> RPUSH Stack "b"
(integer) 2
redis> RPUSH Stack "c"
(integer) 3
```

那么之后只需要使用 RPUSH 命令对应的出栈操作 RPOP 命令，就可以以后进先出的方式从列表的右端依次弹出 c、b、a 这 3 个元素：

```
redis> RPOP Stack
```

```
"c"
redis> RPOP Stack
"b"
redis> RPOP Stack
"a"
```

28.3 实现代码

代码清单 28-1 展示了一个使用 28.2 节所述解决方案实现的栈程序。这个程序总是使用 RPUSH 命令将新元素入栈，并在需要的时候执行 RPOP 命令将最近入栈的元素出栈。

代码清单 28-1　栈程序 stack.py

```
class Stack:

    def __init__(self, client, key):
        self.client = client
        self.key = key

    def push(self, item):
        """
        将给定元素入栈。
        """
        self.client.rpush(self.key, item)

    def pop(self):
        """
        将最近入栈的元素出栈，如果栈为空则返回 None。
        """
        return self.client.rpop(self.key)

    def top(self):
        """
        获取位于栈顶的元素（但并不将其出栈），栈顶元素就是最近入栈的元素。
        如果栈为空则返回 None。
        """
        return self.client.lindex(self.key, -1)
```

考虑到很多栈实现都会把最近入栈的元素称为栈顶元素，这个实现除了提供 push() 方法和 pop() 方法，还提供了一个获取栈顶元素的 top() 方法。

作为示例，下面这段代码展示了上述栈程序的具体用法：

```
>>> from redis import Redis
>>> from stack import Stack
>>> client = Redis(decode_responses=True)
>>> stack = Stack(client, "Stack")
>>> stack.push("a")  # 入栈元素
```

```
>>> stack.push("b")
>>> stack.push("c")
>>> stack.top()  # 获取栈顶元素
'c'
>>> stack.pop()  # 出栈元素
'c'
>>> stack.pop()
'b'
>>> stack.pop()
'a'
>>> stack.pop()  # 栈已空
>>>
```

28.4 扩展实现：为栈添加更多方法

除了上面提到的push()、pop()和top()这3个方法，栈实现通常还会提供size()方法和trim()方法：

- size()方法用于获取栈的大小，也就是栈包含的元素数量；
- trim(N)方法用于将栈修剪至指定的大小N，当栈的大小大于N时，修剪后的栈将只保留最新的N个元素；如果N等于0，那么清空/删除整个栈。

trim()方法保留最新N个元素的做法是合乎逻辑的。还是以在线文档编辑器为例：当编辑器只支持撤销最多10次操作时，你肯定希望被撤销的是最近执行的操作（靠近栈顶的10个元素），而不是最开始执行的操作（靠近栈底的10个元素）。

代码清单28-2展示了上述两个方法的具体实现代码。

代码清单 28-2 栈的其他方法 stack.py

```
class Stack:

    def size(self):
        """
        返回栈的大小，也就是栈目前包含的元素数量。
        """
        return self.client.llen(self.key)

    def trim(self, N):
        """
        将栈修剪至指定大小，只保留栈中最新的N个元素。
        当N为0时，清空/删除整个栈。
        """
        if N == 0:
            self.client.delete(self.key)
        else:
```

```
        # 先计算被保留元素的索引范围，然后执行修剪操作
        start = 0-N
        end = -1
        self.client.ltrim(self.key, start, end)
```

作为示例，下面这段代码展示了上述两个方法的具体用法：

```
>>> for i in range(8):  # 入栈 7~0 这 8 个元素
...
   stack.push(i)
...
>>> stack.size()
8
>>> stack.trim(5)  # 保留栈中最新的 5 个元素：7, 6, 5, 4, 3
>>> stack.size()
5
>>> stack.trim(0)  # 清空栈
>>> stack.size()
0
```

28.5 重点回顾

- 栈（也称后进先出队列）允许用户有序地推入多个元素（入栈），并在需要的时候依次弹出最近被推入的元素（出栈）。例如，在依次向栈推入元素 a、b、c 之后，将以 c、b、a 的顺序弹出元素。
- 在 Redis 中实现栈最简单的方法就是使用列表，只要持续地向列表的其中一端推入元素，并在需要的时候从相同的一端弹出最近被推入的元素即可。

第 29 章 优先队列

优先队列是一种常见的数据结构，这种队列中的每个元素都有一个优先级，这个优先级决定了元素在队列中的弹出顺序。

优先队列又可以分为最小优先队列和最大优先队列，前者最先弹出优先级最低的元素，而后者最先弹出优先级最高的元素。

优先队列经常被用作基础数据结构，或者用于实现调度系统和事件模拟器。例如，调度系统通常使用优先队列来优先处理高优先级的任务，而事件模拟器使用优先队列来优先处理最近到达的事件。

29.1 需求描述

使用 Redis 实现优先队列，并提供入队、优先级最高元素出队和优先级最低元素出队等操作。

29.2 解决方案

在 Redis 中实现优先队列最直接的方法就是使用有序集合——通过将优先队列元素映射为有序集合成员，并将元素的优先级映射为有序集合成员的分值，程序就可以实现优先队列。

- 使用 ZADD 命令，可以把指定的优先队列元素存储在有序集合中，让它成为一个有序集合成员。
- 当用户想要移除指定的优先队列元素时，只需要使用 ZREM 命令移除其对应的有序集合成员即可。
- 在把优先队列元素有序地存储在有序集合中之后，可以使用相应的 ZPOPMIN 命令弹出优先级最低的元素，或者使用 ZPOPMAX 命令弹出优先级最高的元素。

- 此外，还可以使用 ZRANGE 命令获取具有指定优先级排名的元素，如优先级最低的元素和优先级最高的元素，它们分别位于有序集合排名的第一位和最后一位。

表 29-1 中给出了一个任务及其优先级示例，列出了一系列任务及其优先级和优先级排名。

表 29-1 任务及其优先级示例

优先级排名	任务	优先级
1	"Job A"	100
2	"Job C"	200
3	"Job B"	250
4	"Job E"	280
5	"Job D"	330

以表 29-1 所示的任务为例，可以通过执行以下 ZADD 命令来构建与之对应的优先队列：

```
redis> ZADD Jobs 100 "Job A" 200 "Job C" 250 "Job B" 280 "Job E" 330 "Job D"
(integer) 5
```

然后，通过 ZRANGE 命令获取这个优先队列（或者它的某个元素、某个部分等）：

```
redis> ZRANGE Jobs 0 -1 WITHSCORES
 1) "Job A"
 2) "100"
 3) "Job C"
 4) "200"
 5) "Job B"
 6) "250"
 7) "Job E"
 8) "280"
 9) "Job D"
10) "330"
```

或者通过 ZPOPMIN 命令弹出队列中优先级最低的元素"Job A"，或者通过 ZPOPMAX 命令弹出队列中优先级最高的元素"Job D"：

```
redis> ZPOPMIN Jobs
1) "Job A"
2) "100"
redis> ZPOPMAX Jobs
1) "Job D"
2) "330"
```

29.3 实现代码

代码清单 29-1 展示了基于 29.2 节所述解决方案实现的优先队列程序。

代码清单 29-1 优先队列程序 priority_queue.py

```
def none_or_single_queue_item(result):
    """
    以{item: priority}形式返回 result 列表中包含的单个优先队列元素。
    若 result 为空列表则直接返回 None。
    """
    if result == []:
        return None
    else:
        item, priority = result[0]
        return {item: priority}

class PriorityQueue:

    def __init__(self, client, key):
        self.client = client
        self.key = key

    def insert(self, item, priority):
        """
        将带有指定优先级的元素添加至队列，如果元素已存在则更新它的优先级。
        """
        self.client.zadd(self.key, {item: priority})

    def remove(self, item):
        """
        尝试从队列中移除指定的元素。
        移除成功时返回 True，返回 False 则表示由元素不存在而导致移除失败。
        """
        return self.client.zrem(self.key, item) == 1

    def min(self):
        """
        获取队列中优先级最低的元素及其优先级，如果队列为空则返回 None。
        """
        result = self.client.zrange(self.key, 0, 0, withscores=True)
        return none_or_single_queue_item(result)

    def max(self):
        """
        获取队列中优先级最高的元素及其优先级，如果队列为空则返回 None。
        """
```

```
        result = self.client.zrange(self.key, -1, -1, withscores=True)
        return none_or_single_queue_item(result)

    def pop_min(self):
        """
        弹出并返回队列中优先级最低的元素及其优先级，如果队列为空则返回 None。
        """
        result = self.client.zpopmin(self.key)
        return none_or_single_queue_item(result)

    def pop_max(self):
        """
        弹出并返回队列中优先级最高的元素及其优先级，如果队列为空则返回 None。
        """
        result = self.client.zpopmax(self.key)
        return none_or_single_queue_item(result)

    def length(self):
        """
        返回队列的长度，也就是队列包含的元素数量。
        """
        return self.client.zcard(self.key)
```

这个优先队列程序提供了实现最大优先队列和最小优先队列所需的操作。

- 用户既可以使用 min() 方法和 max() 方法查看优先级最低和最高的元素，也可以在需要的时候使用 pop_min() 方法和 pop_max() 方法将其弹出。
- 程序如果只使用 max() 和 pop_max()，它就是一个最大优先队列；反之，程序如果只使用 min() 和 pop_min()，它就是一个最小优先队列。

还需要说明的一点是，因为用户在使用优先队列的时候通常只关心位于队列两端优先级最高和优先级最低的两个元素，所以这个程序只实现了访问队列两端元素的方法，而没有提供访问队列中任意元素的方法；如果需要，可以通过 ZRANGE 命令来实现它。

作为例子，下面这段代码展示了上述优先队列程序的具体用法：

```
>>> from redis import Redis
>>> from priority_queue import PriorityQueue
>>> client = Redis(decode_responses=True)
>>> queue = PriorityQueue(client, "PriorityQueue")
>>> queue.insert("Job A", 100)   # 元素入队
>>> queue.insert("Job C", 200)
>>> queue.insert("Job B", 250)
>>> queue.insert("Job E", 280)
>>> queue.insert("Job D", 330)
>>> queue.length()  # 查看队列长度
5
>>> queue.max()  # 查看优先级最高的元素
```

```
{'Job D': 330.0}
>>> queue.min()  # 查看优先级最低的元素
{'Job A': 100.0}
>>> queue.pop_max()  # 弹出优先级最高的元素
{'Job D': 330.0}
>>> queue.pop_min()  # 弹出优先级最低的元素
{'Job A': 100.0}
```

29.4 扩展实现：为优先队列加上阻塞操作

代码清单 29-1 展示的优先队列程序实现作为底层数据结构使用已经足够，但是，如果要将其实际应用到调度系统或事件模拟器中，为了避免重复调用`pop_max()`或`pop_min()`造成系统空转，还必须实现相应的阻塞出队操作，这样程序就可以在循环中通过阻塞操作来等待元素出现，只在有元素需要处理的情况下才进行响应：

```
while True:
    job = queue.blocking_pop_max()  # 阻塞直到元素出现
    do_something(job)
```

而不是写出以下这种蹩脚又低效的代码：

```
while True:
    job = queue.pop_max()
    if job is None:
        sleep(SOMETIME)  # 队列为空，休眠一段时间
    else:
        do_something(job)
```

代码清单 29-2 展示了优先队列程序的阻塞操作实现，它在之前实现的基础上添加了使用 `BZPOPMIN` 命令实现的 `blocking_pop_min()`方法及使用 `BZPOPMAX` 命令实现的`blocking_pop_max()`方法。

代码清单 29-2　优先队列程序的阻塞操作实现 priority_queue.py

```
BLOCK_FOREVER = 0

class PriorityQueue:

    def blocking_pop_min(self, timeout=BLOCK_FOREVER):
        """
        尝试从队列中弹出优先级最低的元素及其优先级，若队列为空则阻塞。
        可选参数 timeout 用于指定最大阻塞秒数，默认将一直阻塞到有元素可弹出为止。
        """
        result = self.client.bzpopmin(self.key, timeout)
        if result is not None:
            zset_name, item, priority = result
            return {item: priority}
```

```
    def blocking_pop_max(self, timeout=BLOCK_FOREVER):
        """
        尝试从队列中弹出优先级最高的元素及其优先级，若队列为空则阻塞。
        可选参数 timeout 用于指定最大阻塞秒数，默认将一直阻塞到有元素可弹出为止。
        """
        result = self.client.bzpopmax(self.key, timeout)
        if result is not None:
            zset_name, item, priority = result
            return {item: priority}
```

作为例子，下面这段代码展示了上述阻塞操作实现的具体用法：

```
>>> from redis import Redis
>>> from priority_queue import PriorityQueue
>>> client = Redis(decode_responses=True)
>>> queue2 = PriorityQueue(client, "PriorityQueue2")
>>> queue2.insert("Job F", 400)  # 入队一个元素
True
>>> queue2.blocking_pop_max(5)  # 队列非空，立即出队并返回队中优先级最高的元素
{'Job F': 400.0}
>>> queue2.blocking_pop_max(5)  # 队列为空，阻塞 5 s 后返回 None
>>>
```

29.5　重点回顾

- 优先队列中的每个元素都有一个优先级，这个优先级决定了元素在队列中的出队顺序。
- 优先队列又可以分为最小优先队列和最大优先队列，前者最先弹出优先级最低的元素，而后者最先弹出优先级最高的元素。
- 在 Redis 中实现优先队列最直接的方法就是使用有序集合——通过将优先队列元素映射为有序集合成员，并将元素的优先级映射为有序集合成员的分值，程序就可以实现优先队列。
- 使用有序集合的阻塞弹出命令可以实现相应的阻塞出队操作，这些操作可以让程序只在有元素可供处理的情况下才进行响应，从而保证程序尽可能高效地运行。

第 30 章

循环队列

循环队列可以像转盘一样逐个遍历队列中的元素，并在到达队列末尾后自动回到队列开头开始新的遍历。

循环队列在任务调度、进程调度、内存管理、流量控制等方面均有应用。以任务调度为例，如果用户只有一个任务处理器，却有多个任务需要处理，就可以通过循环队列以时间片的轮转方式处理各个任务。

30.1 需求描述

使用 Redis 实现循环队列，这个队列应该能提供插入元素、移除元素、旋转等操作。

30.2 解决方案

构建循环队列需要用到 Redis 列表，首先使用 RPUSH 命令将给定的多个元素添加到队列末尾，并在需要的时候通过执行 LREM 命令移除指定的元素。在此之后，为了在队列中实现“循环”效果，程序需要用到 LMOVE 命令。

（1）LMOVE 命令可以将一个 Redis 列表（源列表）最左端或最右端的元素移动到另一个 Redis 列表（目标列表）的最左端或者最右端，然后返回被移动的元素。

（2）通过将源列表和目标列表设置为同一个列表，然后以相同方式反复执行 LMOVE 命令，命令将从列表的一端向另一端行进，最终完整遍历整个列表并返回列表中的所有元素。

（3）再次以相同方式执行 LMOVE 命令，命令将对列表实施新一轮遍历并最终形成循环访问。

举个例子，使用以下命令构建 Redis 列表：

```
redis> RPUSH lst "a" "b" "c"
(integer) 3
```

对于这个列表，可以通过反复执行 LMOVE 命令 3 次来分别获得列表中的 3 个元素：

```
redis> LMOVE lst lst LEFT RIGHT  # 第一次遍历
"a"
redis> LMOVE lst lst LEFT RIGHT
"b"
redis> LMOVE lst lst LEFT RIGHT
"c"
```

以相同方式反复执行 LMOVE 命令，就可以循环访问列表中的所有元素，直到满足需要为止：

```
redis> LMOVE lst lst LEFT RIGHT  # 第二次遍历
"a"
redis> LMOVE lst lst LEFT RIGHT
"b"
redis> LMOVE lst lst LEFT RIGHT
"c"
redis> LMOVE lst lst LEFT RIGHT  # 第三次遍历
"a"
redis> LMOVE lst lst LEFT RIGHT
"b"
redis> LMOVE lst lst LEFT RIGHT
"c"
```

30.3　实现代码

代码清单 30-1 展示了基于 30.2 节所述解决方案实现的循环队列程序。

代码清单 30-1　循环队列程序 circular_queue.py

```
NON_BLOCK = -1

class CircularQueue:

    def __init__(self, client, key):
        self.client = client
        self.key = key

    def insert(self, *items):
        """
        将给定的一个或多个元素插入队列末尾，然后返回队列的长度。
        """
        return self.client.rpush(self.key, *items)

    def remove(self, item, count=0):
        """
        从队列中移除指定元素，然后返回被移除元素的数量。
```

```
        可选的 count 参数用于指定具体的移除方式：
        - 值为 0 表示移除队列中出现的所有指定元素，这是默认行为；
        - 值大于 0 表示移除队列从开头到末尾最先遇到的前 count 个指定元素；
        - 值小于 0 表示移除队列从末尾到开头最先遇到的前 abs(count)个指定元素。
        """
        return self.client.lrem(self.key, count, item)

    def rotate(self, block_time=NON_BLOCK):
        """
        将队列开头的元素移至队列末尾，然后返回被移动的元素。
        可选的 block_time 参数用于指定是否使用阻塞功能：
        - 值为 0 表示一直阻塞以等待值；
        - 值为大于 0 的 N 表示最多阻塞 N 秒以等待值；
        默认情况下不使用该参数则代表不启用阻塞功能。
        """
        if block_time == NON_BLOCK:
            return self.client.lmove(self.key, self.key)
        else:
            return self.client.blmove(self.key, self.key, block_time)

    def front(self):
        """
        获取队列的第一个元素，如果队列为空则返回 None。
        """
        return self.client.lindex(self.key, 0)

    def rear(self):
        """
        获取队列的最后一个元素，如果队列为空则返回 None。
        """
        return self.client.lindex(self.key, -1)

    def length(self):
        """
        返回队列长度，也就是队列包含的元素数量。
        """
        return self.client.llen(self.key)
```

作为例子，下面这段代码展示了如何使用循环队列遍历一个由 3 个人组成的清洁轮值表：

```
>>> from redis import Redis
>>> from circular_queue import CircularQueue
>>> client = Redis(decode_responses=True)
>>> queue = CircularQueue(client, "CleaningRota")
>>> queue.insert("peter", "jack", "mary")  # 插入元素
3
>>> for i in range(6):  # 遍历队列
...
   queue.rotate()
```

```
...
'peter'  # 第一次循环
'jack'
'mary'
'peter'  # 第二次循环
'jack'
'mary'
```

从 queue.rotate()方法的执行结果可以看到，在遍历了队列中的所有 3 个元素之后，程序又会回到最初的位置重新进行遍历。

30.4 扩展实现：无重复元素的循环队列

CircularQueue 类允许循环队列中包含重复元素，这对一些应用来说是有意义的。举个例子，以一周 7 天的清洁轮值表为例，即使参与清洁的只有 3 个人，他们的排班情况可能也会非常复杂，而不是单纯的三人循环：

```
# 不再简单地循环，而是一周的每一天都有不同的排班，然后每周循环：
# peter 负责周一和周五，jack 负责周二、周三和周日，mary 负责周四和周六
queue.insert("peter", "jack", "jack", "mary", "peter", "mary", "jack")
```

但是，有些应用可能并不希望这种行为，它们可能更愿意让每个元素只在循环队列中出现一次，以此来保证每个元素被循环的次数和概率都是相同的。

为此，可以在 CircularQueue 类的基础上修改并实现一个 UniqueCircularQueue 类，并使用这个新类来保证每个元素在循环队列中只会出现一次：当用户尝试向 UniqueCircularQueue 队列中添加已经存在的元素时，应该先删除队列中已有的相同元素，再将给定的元素重新插入队列末尾（相当于将元素移至队列末尾）。

代码清单 30-2 展示了无重复元素的循环队列实现。

代码清单 30-2 无重复元素的循环队列程序 unique_circular_queue.py

```
from circular_queue import CircularQueue

class UniqueCircularQueue(CircularQueue):

    def insert(self, *items):
        """
        将给定的一个或多个各不相同的元素插入队列末尾，然后返回队列的长度。
        如果给定的某个或某些元素已经存在，那么先从队列中移除它们，再进行插入。
        """
        # 检查给定元素是否包含了重复元素
        if len(items) != len(set(items)):
            raise ValueError("Input items must be unique!")
```

```
        tx = self.client.pipeline()
        # 先从队列中移除与给定元素相同的元素
        for item in items:
            tx.lrem(self.key, 1, item)
        # 再将给定元素插入队列末尾
        tx.rpush(self.key, *items)
        return tx.execute()[-1]  # 返回 RPUSH 的执行结果

    def remove(self, item):
        """
        从队列中移除指定元素。
        """
        return self.client.lrem(self.key, 1, item)
```

UniqueCircularQueue 类继承自 CircularQueue 类，这个子类只修改了 insert() 方法和 remove() 方法：

- 修改后的 insert() 方法在插入元素之前会先从队列中移除与给定元素相同的元素，而修改后的 remove() 方法则移除了之前的可选参数 count，现在它只需要直接从队列中删除指定的元素即可。
- 根据 insert() 方法插入元素的方式，队列中将不会出现重复的元素（换句话说，同一个元素在队列中最多只会出现一次），所以程序中的 LREM 命令只需要删除指定元素一次即可，这也是该命令在执行时将 count 参数设置为 1 的原因。

作为例子，下面这段代码展示了 UniqueCircularQueue 队列的具体用法：

```
>>> from redis import Redis
>>> from unique_circular_queue import UniqueCircularQueue
>>> client = Redis(decode_responses=True)
>>> queue = UniqueCircularQueue(client, "UniqueRota")
>>> queue.insert("peter", "jack", "mary")  # 插入元素
3
>>> for i in range(3):  # 遍历队列
...
   queue.rotate()
...
'peter'
'jack'
'mary'
>>> queue.insert("peter")  # 插入已有的元素
3                          # 队列长度没有发生变化
>>> for i in range(3):
...
   queue.rotate()
...
'jack'
'mary'
'peter'  # 这个元素现在被移到了队列末尾
```

30.5 重点回顾

- 循环队列可以像转盘一样逐个遍历队列中的元素，并在到达队列末尾后自动回到队列开头开始新的遍历。这种队列在任务调度、进程调度、内存管理、流量控制等方面均有应用。
- 通过对同一个 Redis 列表以相同的方式反复执行 `LMOVE` 命令，就可以对列表元素实现循环访问。

第31章 矩阵

矩阵是一种具有多个行和列的元素矩形阵列。矩阵的元素可以是数字、符号和函数，但数字的情况最常见。

例如，下面这个矩阵就包含了 3 行 4 列，其中位于第一行第一列的元素为数字 1，第一行第二列的元素为 3，第一行第三列的元素为 9，第一行第四列的元素为 2，以此类推：

$$\begin{bmatrix} 1 & 3 & 9 & 2 \\ 5 & 20 & 32 & 11 \\ 73 & 28 & 65 & 33 \end{bmatrix}$$

矩阵在数学、物理、三维动画等多个领域均有大量应用，是计算机最常存储和处理的数据之一，因此研究如何在 Redis 中高效地存储矩阵数据是非常有意义的。

31.1 需求描述

使用 Redis 实现一个矩阵存储程序，以便对矩阵及其包含的元素进行设置和获取操作。

31.2 解决方案：使用列表

因为 Redis 目前尚未支持能够直接存储矩阵的数据结构，所以程序必须使用已有的数据结构来存储矩阵。存储矩阵比较简单、直接的一种方法是使用多个列表来存储一个矩阵，其中每个列表存储矩阵的一行。

举个例子，对于前面展示的 3 × 4 矩阵，程序可以使用 3 个列表来存储它，其中每个列表包含 4 个元素：

```
redis> RPUSH Matrix:10086:0 1 3 9 2
(integer) 4
```

```
redis> RPUSH Matrix:10086:1 5 20 32 11
(integer) 4
redis> RPUSH Matrix:10086:2 73 28 65 33
(integer) 4
```

这段代码通过3条命令，将矩阵的3行分别存储在了格式为`Matrix:id:row`的3个列表键中，其中`id`为矩阵的ID，而`row`则为被存储矩阵的行号。

这样一来，就可以通过`LINDEX`命令获取矩阵在指定行上某个列的值，或者通过`LRANGE`命令获取矩阵在指定行上所有列的值。

作为例子，下面这段代码展示了如何获取矩阵第1行第3列的值，以及矩阵第2行所有列的值：

```
redis> LINDEX Matrix:10086:0 2
"9"
redis> LRANGE Matrix:10086:1 0 -1
1) "5"
2) "20"
3) "32"
4) "11"
```

与此类似，当需要对矩阵指定行列上的值进行设置的时候，只需要使用`LSET`命令即可。作为例子，下面这段代码展示了如何将第3行第4列的值从`33`修改为`99`：

```
redis> LINDEX Matrix:10086:2 3   -- 查看当前值
"33"
redis> LSET Matrix:10086:2 3 99  -- 设置新值
OK
redis> LINDEX Matrix:10086:2 3   -- 查看新值
"99"
```

31.3 实现代码：使用列表实现矩阵存储

代码清单31-1展示了使用31.2节所述解决方案实现的矩阵存储程序。

代码清单31-1 使用列表实现的矩阵存储程序 list_matrix.py

```
def make_row_key(matrix_id, row):
    return "Matrix:{0}:{1}".format(matrix_id, row)

class ListMatrix:

    def __init__(self, client, matrix_id, M, N):
        """
        创建一个使用 ID 标识，由指定数量的行和列组成的矩阵。
        """
```

```
        self.client = client
        self.matrix_id = matrix_id
        self.M = M
        self.N = N

    def init(self, elements=None):
        """
        根据给定数据对矩阵进行初始化。
        如果没有给定数据，那么将矩阵的所有元素初始化为 0。
        """
        # 这个函数只能在矩阵不存在的情况下执行
        key = make_row_key(self.matrix_id, 0)
        assert(self.client.exists(key)==0)

        # 如果未给定初始化矩阵，那么创建一个全为 0 的矩阵
        if elements is None:
            elements = []
            for _ in range(self.M):
                elements.append([0]*self.N)

        # 检查矩阵的行数是否正确
        if len(elements) != self.M:
            raise ValueError("Incorrect row number, it should be {}.".format(self.M))
        # 检查矩阵中每行的列数是否正确
        for row in range(self.M):
            if len(elements[row]) != self.N:
                raise ValueError("Incorrect col number, it should be
                        {}.".format(self.N))

        # 将给定的值推入矩阵的每一行中
        for row in range(self.M):
            row_key = make_row_key(self.matrix_id, row)
            self.client.rpush(row_key, *elements[row])

    def set(self, row, col, value):
        """
        将指定行列上的元素设置为给定的值。
        """
        row_key = make_row_key(self.matrix_id, row)
        self.client.lset(row_key, col, value)

    def get(self, row, col):
        """
        获取指定行列的值。
        """
        row_key = make_row_key(self.matrix_id, row)
        raw_value = self.client.lindex(row_key, col)
```

```
        return int(raw_value)

    def get_row(self, row):
        """
        获取指定行上所有列的值。
        """
        row_key = make_row_key(self.matrix_id, row)
        raw_cols = self.client.lrange(row_key, 0, -1)
        return list(map(int, raw_cols))

    def get_all(self):
        """
        获取整个矩阵的所有行和列。
        """
        matrix = []
        # 遍历并获取矩阵的每一行
        for row in range(self.M):
            matrix.append(self.get_row(row))
        return matrix
```

作为例子，下面这段代码展示了上述矩阵存储程序的具体用法：

```
>>> from redis import Redis
>>> from list_matrix import ListMatrix
>>> client = Redis(decode_responses=True)
>>> matrix = ListMatrix(client, "Matrix", 3, 4)
>>> matrix.init([[1, 3, 9, 2], [5, 20, 32, 11], [73, 28, 65, 33]])  # 初始化矩阵
>>> matrix.get(0, 0)  # 获取指定位置上的值
1
>>> matrix.get(0, 1)
3
>>> matrix.get_row(0)  # 获取指定行的所有列
[1, 3, 9, 2]
>>> matrix.get_all()  # 获取整个矩阵
[[1, 3, 9, 2], [5, 20, 32, 11], [73, 28, 65, 33]]
>>> matrix.set(0, 0, 10086)  # 设置指定位置的值然后获取矩阵进行检查
>>> matrix.get_all()
[[10086, 3, 9, 2], [5, 20, 32, 11], [73, 28, 65, 33]]
```

31.4　解决方案：使用位图

除了使用列表，还可以使用位图来存储矩阵数据。使用位图存储矩阵数据需要用到 BITFIELD 命令以及它的 SET、GET 等子命令，这些命令允许程序将多个指定类型的数字存储在位图的指定偏移量上，或者从位图的指定偏移量上获取之前存储的数字。

同样以之前展示过的这个矩阵为例：

$$\begin{bmatrix} 1 & 3 & 9 & 2 \\ 5 & 20 & 32 & 11 \\ 73 & 28 & 65 & 33 \end{bmatrix}$$

如果想要存储这个矩阵的第一行，那么只需要执行以下命令即可：

```
redis> BITFIELD Matrix:10086:0 SET i64 #0 1 SET i64 #1 3 SET i64 #2 9 SET i64 #3
2
1) (integer) 0
2) (integer) 0
3) (integer) 0
4) (integer) 0
```

与此对应，当想要从矩阵中取出这一行的时候，只需要执行下面这段代码即可：

```
redis> BITFIELD Matrix:10086:0 GET i64 #0 GET i64 #1 GET i64 #2 GET i64 #3
1) (integer) 1
2) (integer) 3
3) (integer) 9
4) (integer) 2
```

和使用列表存储矩阵的程序一样，使用位图存储矩阵的程序只需要为矩阵中的每行分别设置一个位图键，就可以将存储单行的方法扩展至存储整个矩阵。

31.5 实现代码：使用位图实现矩阵存储

代码清单 31-2 展示了使用位图实现的矩阵数据存储程序。

代码清单 31-2 使用位图实现的矩阵存储程序 bitmap_matrix.py

```
def make_row_key(matrix_id, row):
    return "matrix:{0}:{1}".format(id, row)

class BitmapMatrix:

    def __init__(self, client, matrix_id, M, N, type="i64"):
        """
        创建一个使用 ID 标识，由指定数量的行和列组成的矩阵。
        可选的 type 参数用于指定矩阵元素的类型。
        """
        self.client = client
        self.matrix_id = matrix_id
        self.M = M
        self.N = N
        self.type = type
```

```
def init(self, elements=None):
    """
    根据给定数据对矩阵进行初始化。
    如果没有给定数据，那么将矩阵的所有元素初始化为 0。
    """
    # 这个函数只能在矩阵不存在的情况下执行
    key = make_row_key(self.matrix_id, 0)
    assert(self.client.exists(key)==0)

    # 如果未给定初始化矩阵，那么创建一个全为 0 的矩阵
    if elements is None:
        # 位图的所有位置默认都被设置为 0，无须另行设置
        return

    # 检查矩阵的行数是否正确
    if len(elements) != self.M:
        raise ValueError("Incorrect row number, it should be {}.".format(self.M))
    # 检查矩阵中每行的列数是否正确
    for row in range(self.M):
        if len(elements[row]) != self.N:
            raise ValueError("Incorrect col number, it should be
                    {}.".format(self.N))

    # 遍历矩阵的每一行
    for row in range(self.M):
        key = make_row_key(self.matrix_id, row)
        bfop = self.client.bitfield(key)
        # 对行中的每一列进行设置
        for col in range(self.N):
            bfop.set(self.type, "#{}".format(col), elements[row][col])
        bfop.execute()

def set(self, row, col, value):
    """
    将指定行列上的元素设置为给定的值。
    """
    key = make_row_key(self.matrix_id, row)
    bfop = self.client.bitfield(key)
    bfop.set(self.type, "#{}".format(col), value)
    bfop.execute()

def get(self, row, col):
    """
    获取指定行列的值。
    """
    key = make_row_key(self.matrix_id, row)
    bfop = self.client.bitfield(key)
    bfop.get(self.type, "#{}".format(col))
    return bfop.execute()[0]
```

```
    def get_row(self, row):
        """
        获取指定行上所有列的值。
        """
        key = make_row_key(self.matrix_id, row)
        bfop = self.client.bitfield(key)
        # 遍历该行的所有列，获取它们的值
        for col in range(self.N):
            bfop.get(self.type, "#{}".format(col))
        return bfop.execute()

    def get_all(self):
        """
        获取整个矩阵的所有行和列。
        """
        matrix = []
        # 遍历并获取矩阵的每一行
        for row in range(self.M):
            matrix.append(self.get_row(row))
        return matrix
```

与使用列表存储矩阵相比，使用位图存储矩阵的一个主要优点是：位图在默认情况下会把所有元素都设置为 0，所以它无须初始化即可随时使用并对任意元素进行设置。

作为例子，下面这段代码就展示了如何使用位图矩阵对稀疏矩阵中少数几个不为 0 的元素进行设置：

```
>>> from redis import Redis
>>> from bitmap_matrix import BitmapMatrix
>>> sparse = BitmapMatrix(client, "SparseMatrix", 5, 5)
>>> sparse.get_all()   # 矩阵默认由 0 组成
[[0, 0, 0, 0, 0], [0, 0, 0, 0, 0], [0, 0, 0, 0, 0], [0, 0, 0, 0, 0], [0, 0, 0, 0, 0]]
>>> sparse.set(0, 0, 128)  # 设置元素
>>> sparse.set(1, 0, 256)
>>> sparse.set(2, 0, 512)
>>> sparse.get_all()   # 获取设置后的稀疏矩阵
[[128, 0, 0, 0, 0], [256, 0, 0, 0, 0], [512, 0, 0, 0, 0], [0, 0, 0, 0, 0], [0,
0, 0, 0, 0]]
```

可以看到，位图在默认情况下会把矩阵的所有元素都设置为 0。当然，对于稠密矩阵，程序仍然可以像之前那样，通过 init()方法对整个矩阵进行初始化：

```
>>> matrix = BitmapMatrix(client, "DenseMatrix", 3, 4)
>>> matrix.init([[1, 3, 9, 2], [5, 20, 32, 11], [73, 28, 65, 33]])
>>> matrix.get_all()
[[1, 3, 9, 2], [5, 20, 32, 11], [73, 28, 65, 33]]
>>> matrix.set(0, 0, 10086)
>>> matrix.get_all()
[[10086, 3, 9, 2], [5, 20, 32, 11], [73, 28, 65, 33]]
```

在这种情况下，位图矩阵的行为跟列表矩阵将完全一致。

31.6 重点回顾

- 矩阵是一种具有多个行和列的元素矩形阵列。矩阵的元素可以是数字、符号和函数，但数字的情况最常见。
- 矩阵在数学、物理、三维动画等多个领域均有大量应用，是计算机最常存储和处理的数据之一，因此研究如何在 Redis 中高效地存储矩阵数据是非常有意义的。
- 存储矩阵比较简单、直接的一种方法是使用多个列表来存储一个矩阵，其中每个列表存储矩阵的一行。
- 除了使用列表，还可以使用位图来存储矩阵数据。和使用列表存储矩阵的程序一样，使用位图存储矩阵的程序只需要为矩阵中的每行分别设置一个位图键，就可以将存储单行的方法扩展至存储整个矩阵。
- 与使用列表存储矩阵相比，使用位图存储矩阵的一个主要优点是：位图在默认情况下会把所有元素都设置为 0，所以它无须初始化即可随时使用并对任意元素进行设置。

第 32 章 逻辑矩阵

逻辑矩阵是一种特化的矩阵，这种矩阵中的所有元素均由 0 和 1 组成。

作为例子，以下展示了一个 2×4 的逻辑矩阵：

$$\begin{bmatrix} 1 & 0 & 1 & 0 \\ 0 & 1 & 0 & 1 \end{bmatrix}$$

逻辑矩阵可以用于表示一对有限集之间的二元关系，是组合数学和理论计算机科学中的重要工具。

32.1 需求描述

使用 Redis 实现一个能够存储逻辑矩阵的程序。

32.2 解决方案

虽然第 31 章展示的两个矩阵程序都可以用于存储逻辑矩阵，但由于之前的矩阵程序都是用于存储普通矩阵的，它们预留了非常大的空间来存储可能出现的数字值元素，而存储单个逻辑矩阵元素理论上来说只需要一个二进制位即可。

因此从节约内存的角度考虑，最务实的方法还是在已有矩阵程序的基础上进行修改，创建一个专门用于存储逻辑矩阵的实现，而位图数据结构无疑是存储二进制位数据的最佳选择：存储逻辑矩阵的原理跟存储普通矩阵的原理是相似的，只要为矩阵中的每行分别创建一个位图键，然后使用 `SETBIT` 命令对行中相应的位进行设置即可。

例如，为了存储上面展示的 2×4 矩阵，可以使用以下 `SETBIT` 命令存储矩阵的第 1 行：

```
redis> SETBIT LogicalMatrix:10086:0 0 1  -- 设置第 1 行的第 1 个二进制位
(integer) 0
```

```
redis> SETBIT LogicalMatrix:10086:0 2 1   -- 设置第 1 行的第 3 个二进制位
(integer) 0
```

其中，LogicalMatrix:10086:0 中的 10086 为矩阵 ID，而 0 为矩阵第 1 行的索引。之后，可以执行以下命令来存储矩阵的第 2 行：

```
redis> SETBIT LogicalMatrix:10086:1 1 1   -- 设置第 2 行的第 2 个二进制位
(integer) 0
redis> SETBIT LogicalMatrix:10086:1 3 1   -- 设置第 2 行的第 4 个二进制位
(integer) 0
```

其中，LogicalMatrix:10086:1 中的 1 为矩阵第 2 行的索引。

与此对应，为了获取矩阵中的各行和列，需要分别对矩阵中的每个二进制位执行 GETBIT 命令。例如，为了获取上述矩阵的第 1 行，可以执行以下命令序列：

```
redis> MULTI
OK
redis(TX)> GETBIT LogicalMatrix:10086:0 0
QUEUED
redis(TX)> GETBIT LogicalMatrix:10086:0 1
QUEUED
redis(TX)> GETBIT LogicalMatrix:10086:0 2
QUEUED
redis(TX)> GETBIT LogicalMatrix:10086:0 3
QUEUED
redis(TX)> EXEC
1) (integer) 1
2) (integer) 0
3) (integer) 1
4) (integer) 0
```

32.3 实现代码

代码清单 32-1 展示了基于 32.2 节所述解决方案实现的逻辑矩阵程序。

代码清单 32-1 逻辑矩阵程序 logical_matrix.py

```python
from itertools import batched

def make_row_key(matrix_id, row):
    return "LogicalMatrix:{0}:{1}".format(matrix_id, row)

class LogicalMatrix:

    def __init__(self, client, matrix_id, row_size, col_size):
        self.client = client
```

```
        self.matrix_id = matrix_id
        self.ROW_SIZE = row_size
        self.COL_SIZE = col_size

    def init(self, elements=None):
        """
        根据给定数据对矩阵进行初始化。
        如果没有给定数据，那么将矩阵的所有元素初始化为 0。
        """
        # 位图的所有位默认都被初始化为 0，无须另外进行设置
        if elements is None: return

        # 遍历矩阵的行和列，对其进行设置
        tx = self.client.pipeline()
        for row in range(self.ROW_SIZE):
            row_key = make_row_key(self.matrix_id, row)
            for col in range(self.COL_SIZE):
                tx.setbit(row_key, col, elements[row][col])
        tx.execute()

    def set(self, row, col, value):
        """
        对矩阵指定行列上的二进制位进行设置。
        """
        row_key = make_row_key(self.matrix_id, row)
        self.client.setbit(row_key, col, value)

    def get(self, row, col):
        """
        获取矩阵指定行列上的二进制位。
        """
        row_key = make_row_key(self.matrix_id, row)
        return self.client.getbit(row_key, col)

    def get_row(self, row):
        """
        获取矩阵指定行中所有列的二进制位。
        """
        row_key = make_row_key(self.matrix_id, row)
        tx = self.client.pipeline()
        for col in range(self.COL_SIZE):
            tx.getbit(row_key, col)
        return tx.execute()

    def get_all(self):
        """
        获取整个矩阵的所有二进制位。
```

```
        """
        tx = self.client.pipeline()
        # 遍历所有行
        for row in range(self.ROW_SIZE):
            row_key = make_row_key(self.matrix_id, row)
            # 遍历每行的所有列
            for col in range(self.COL_SIZE):
                # 获取二进制位
                tx.getbit(row_key, col)
        # 将整个矩阵的二进制位放到一个列表中
        all_bits = tx.execute()
        # 将一维列表转换为二维矩阵（Python 版本高于或等于 3.12）
        return [list(row) for row in batched(all_bits, self.COL_SIZE)]
```

作为例子，下面这段代码展示了上述逻辑矩阵程序的具体用法：

```
>>> from redis import Redis
>>> from logical_matrix import LogicalMatrix
>>> client = Redis(decode_responses=True)
>>> matrix = LogicalMatrix(client, 10086, 2, 4)
>>> matrix.init([[1,0,1,0],[0,1,0,1]])  # 初始化整个矩阵
>>> matrix.get_row(0)  # 获取第 1 行
[1, 0, 1, 0]
>>> matrix.get_row(1)  # 获取第 2 行
[0, 1, 0, 1]
>>> matrix.get_all()  # 获取整个矩阵
[[1, 0, 1, 0], [0, 1, 0, 1]]
>>> matrix.set(0, 0, 0)  # 将第 1 行第 1 列的值设置为 0
>>> matrix.get_all()  # 被设置的值已变化
[[0, 0, 1, 0], [0, 1, 0, 1]]
```

32.4 扩展实现：优化内存占用

代码清单 32-1 展示的逻辑矩阵程序会为矩阵中的每一行分别创建一个对应的位图键，为了进一步减少内存占用，可以把整个逻辑矩阵都存储到同一个位图键中。

还是以之前展示过的这个 2×4 逻辑矩阵为例：

$$\begin{bmatrix} 1 & 0 & 1 & 0 \\ 0 & 1 & 0 & 1 \end{bmatrix}$$

为了在一个位图键中存储这个逻辑矩阵，可以把矩阵第 1 行的 4 个二进制位存储在位图的索引 0 至索引 3 中，而矩阵第 2 行的 4 个二进制位则存储在位图的索引 4 至索引 7 中，以此类推。以下是执行具体操作的 SETBIT 命令序列：

```
redis> SETBIT LogicalMatrix:10086 0 1  -- 第 1 行第 1 列
(integer) 0
redis> SETBIT LogicalMatrix:10086 2 1  -- 第 1 行第 3 列
(integer) 0
redis> SETBIT LogicalMatrix:10086 5 1  -- 第 2 行第 2 列
(integer) 0
redis> SETBIT LogicalMatrix:10086 7 1  -- 第 2 行第 4 列
(integer) 0
```

可以看到，现在整个逻辑矩阵都存储在 LogicalMatrix:10086 键中，而 0、2、5、7 这 4 个索引则分别对应矩阵中第 1 行和第 2 行被设置为 1 的 4 个二进制位。

与此对应，为了获取上面设置的整个矩阵，需要对 LogicalMatrix:10086 键执行 8 个 GETBIT 命令：

```
redis> MULTI
OK
redis(TX)> GETBIT LogicalMatrix:10086 0  -- 第 1 行的 4 列
QUEUED
redis(TX)> GETBIT LogicalMatrix:10086 1
QUEUED
redis(TX)> GETBIT LogicalMatrix:10086 2
QUEUED
redis(TX)> GETBIT LogicalMatrix:10086 3
QUEUED
redis(TX)> GETBIT LogicalMatrix:10086 4  -- 第 2 行的 4 列
QUEUED
redis(TX)> GETBIT LogicalMatrix:10086 5
QUEUED
redis(TX)> GETBIT LogicalMatrix:10086 6
QUEUED
redis(TX)> GETBIT LogicalMatrix:10086 7
QUEUED
redis(TX)> EXEC
1) (integer) 1
2) (integer) 0
3) (integer) 1
4) (integer) 0
5) (integer) 0
6) (integer) 1
7) (integer) 0
8) (integer) 1
```

基于上述原理，代码清单 32-2 展示了紧凑逻辑矩阵程序 CompactLogicalMatrix 的具体实现，它只需要用一个位图键就可以存储整个逻辑矩阵。

代码清单 32-2 紧凑逻辑矩阵程序 compact_logical_matrix.py

```
from itertools import batched
```

```
def calc_index(row, col, col_size):
    """
    将矩阵的行列索引转换为对应的一维位图索引
    """
    return row*col_size+col

def make_matrix_key(matrix_id):
    return "CompactLogicalMatrix:{}".format(matrix_id)

class CompactLogicalMatrix:

    def __init__(self, client, matrix_id, row_size, col_size):
        self.client = client
        self.key = make_matrix_key(matrix_id)
        self.ROW_SIZE = row_size
        self.COL_SIZE = col_size

    def init(self, elements=None):
        """
        根据给定数据对矩阵进行初始化。
        如果没有给定数据，那么将矩阵的所有元素初始化为 0。
        """
        # 位图的所有位默认都被初始化为 0，无须另外进行设置
        if elements is None: return

        # 遍历矩阵的行和列，对其进行设置
        tx = self.client.pipeline()
        for row in range(self.ROW_SIZE):
            for col in range(self.COL_SIZE):
                index = calc_index(row, col, self.COL_SIZE)
                tx.setbit(self.key, index, elements[row][col])
        tx.execute()

    def set(self, row, col, value):
        """
        对矩阵指定行列上的二进制位进行设置。
        """
        index = calc_index(row, col, self.COL_SIZE)
        self.client.setbit(self.key, index, value)

    def get(self, row, col):
        """
        获取矩阵指定行列上的二进制位。
        """
        index = calc_index(row, col, self.COL_SIZE)
        return self.client.getbit(self.key, index)

    def get_row(self, row):
```

```
        """
        获取矩阵指定行中所有列的二进制位。
        """
        tx = self.client.pipeline()
        # 遍历组成给定行的所有列
        for col in range(self.COL_SIZE):
            index = calc_index(row, col, self.COL_SIZE)
            tx.getbit(self.key, index)
        return tx.execute()

    def get_all(self):
        """
        获取整个矩阵的所有二进制位。
        """
        tx = self.client.pipeline()
        # 直接以一维方式，遍历组成整个矩阵的所有二进制位
        for i in range(self.ROW_SIZE*self.COL_SIZE):
            tx.getbit(self.key, i)
        all_bits = tx.execute()
        # 将执行事务得到的一维位图转换为二维矩阵（Python 版本高于或等于 3.12）
        return [list(row) for row in batched(all_bits, self.COL_SIZE)]
```

实现这个 CompactLogicalMatrix 程序的关键有以下两点。

- 在执行 SETBIT 命令时，需将矩阵的行和列转换为对应的位图索引，这种转换可以通过公式“位图索引（index）= 行号（row）× 矩阵列数（col_size）+ 列号（col）”计算得出。
- 跟 LogicalMatrix 类中的 get_all()方法一样，CompactLogicalMatrix 类的 get_all()方法也需要使用 batched 函数将多个 GETBIT 命令执行所得的一维列表转换为代表矩阵的二维列表（batched 函数从 Python 3.12 版本开始可用，使用较低版本的读者可以考虑使用嵌套的 for 循环来完成相同的工作）。

CompactLogicalMatrix 类的 API 和行为跟代码清单 32-1 展示的 LogicalMatrix 类完全一样，以下是 CompactLogicalMatrix 类的具体用法：

```
>>> from redis import Redis
>>> from compact_logical_matrix import CompactLogicalMatrix
>>> client = Redis(decode_responses=True)
>>> matrix = CompactLogicalMatrix(client, 10086, 2, 4)
>>> matrix.init([[1,0,1,0],[0,1,0,1]])  # 初始化整个矩阵
>>> matrix.get_row(0)  # 获取第 1 行
[1, 0, 1, 0]
>>> matrix.get_row(1)  # 获取第 2 行
[0, 1, 0, 1]
>>> matrix.get_all()  # 获取整个矩阵
[[1, 0, 1, 0], [0, 1, 0, 1]]
```

32.5 重点回顾

- 逻辑矩阵的所有元素均由 0 和 1 组成，这种矩阵可以用于表示一对有限集之间的二元关系，是组合数学和理论计算机科学中的重要工具。
- 虽然普通的矩阵程序也可以用于存储逻辑矩阵，但从节约内存的角度考虑，最务实的方法还是使用位图来存储逻辑矩阵。
- 存储逻辑矩阵的原理跟存储普通矩阵的原理是相似的，只要为矩阵中的每行分别创建一个位图键，然后使用 SETBIT 命令对行中相应的位进行设置即可。
- 为了进一步减少内存占用，可以把整个逻辑矩阵都存储到同一个位图键中：通过巧妙地将二维的逻辑矩阵转换为一维的位图进行存储，可以将存储逻辑矩阵所需的内存降到最少。